中国地质大学（武汉）实验教学系列教材
中国地质大学（武汉）实验技术研究项目资助

环境土壤学实验与研究方法

胡学玉　艾天成　洪军　潘欢迎 编著

中国地质大学出版社有限责任公司
ZHONGGUO DIZHI DAXUE CHUBANSHE YOUXIAN ZEREN GONGSI

内容提要

本书是专门针对环境土壤学理论教学体系而设计编写的实验教程，主要侧重于土壤生态系统中物质行为过程的实验表达，同时兼顾土壤基本性状的测量描述，旨在强化学生对土壤环境介质的认知能力，激发学生的创新思维能力。本教材可作为环境科学、环境工程、土壤学、环境地质、生物科学、生态学等专业本科生、研究生的实验教材，也可供从事土壤资源调查、土壤环境问题研究以及土壤质量管理等方面的专业人员阅读参考。

图书在版编目(CIP)数据

环境土壤学实验与研究方法/胡学玉等编著.—武汉：中国地质大学出版社有限责任公司，2011.12(2019.11 重印)
ISBN 978-7-5625-2751-0

Ⅰ.①环…
Ⅱ.①胡…
Ⅲ.①环境土壤学-试验②环境土壤学-研究方法
Ⅳ.①X144-3

中国版本图书馆 CIP 数据核字(2011)第 237028 号

环境土壤学实验与研究方法 胡学玉 艾天成 洪军 潘欢迎 **编著**

责任编辑：舒立霞 责任校对：张咏梅

出版发行：中国地质大学出版社有限责任公司(武汉市洪山区鲁磨路 388 号) 邮政编码：430074
电 话：(027)67883511 传真：67883580 E-mail：cbb @ cug. edu. cn
经 销：全国新华书店 http://www. cugp. cug. edu. cn

开本：787 毫米×1092 毫米 1/16 字数：243 千字 印张：9.5
版次：2011 年 12 月第 1 版 印次：2019 年 11 月第 2 次印刷
印刷：荆州鸿盛印务有限公司 印数：1 501—2 500 册

ISBN 978-7-5625-2751-0 定价：18.00 元

中国地质大学（武汉）实验教学系列教材

编 委 会 名 单

前言

环境土壤学是研究自然因素和人类活动共同影响下的土壤环境质量变化及其调控的一门学科，它产生于土壤学和环境科学的交叉融合与相互渗透。土壤处于大气圈、岩石圈、水圈和生物圈的交接地带，在地球表层生态系统中具有独特的空间地位。土壤环境中时刻发生着活跃的物质迁移转化、能量流动以及信息交换过程，而且这些过程对其他环境要素有着重要且直接的影响。因此，以土壤为核心的环境土壤学研究已发展成为环境科学研究领域的重要方向之一，环境土壤学课程亦成为高校环境科学/环境工程专业本科生或研究生重要的专业主干课程。

环境土壤学是一门实践性很强的课程，但是目前开设该门课程的高校大多偏重于理论讲授，实验课时和实践环节很少或没有。其原因可能是多方面的，但是缺乏系统完备的实验课程操作体系是一个重要的原因，而课程实验指导书是构建实践教学体系的基础。为此，我们决定编写《环境土壤学实验与研究方法》这本实验教材，以完善环境土壤学教学体系。

全书共分4篇23个实验项目。第一篇为土壤营养环境，涉及土壤中植物必须营养元素的分析测定方法。第二篇为土壤化学环境，主要介绍土壤交换性能及其基本离子组成的测定。第三篇为土壤污染物质分析，包括土壤中有毒重金属的测定以及有机污染物的光催化降解实验。第四篇为农产品检测，主要为污染指标分析。

在成书过程中引用了较多的参考文献，已在书后列出。本书的出版得到中国地质大学(武汉)实验技术研究项目的资助和中国地质大学出版社的支持，中国地质大学(武汉)环境学院硕士研究生殷俊、刘伟、易卿同学参与了书稿的整理与校对。对于来自上述的诸多帮助与支持，作者在此一并表示衷心的感谢。

由于水平有限，错误和不足之处在所难免，敬请读者批评指正。

编　者

2011年6月

目　录

第一篇　土壤营养环境测定

第二篇　土壤化学环境的测定

第三篇　土壤环境污染物质分析

第四篇 农产品检测

第 一 篇

土壤营养环境测定

1 土壤有机质(碳)的测定

1.1 重铬酸钾——外热法

1.1.1 试剂配制

(1) 0.800 0mol/L($1/6K_2Cr_2O_7$)标准溶液:称取130℃烘干的重标准铬酸钾($K_2Cr_2O_7$,GB 642-77,分析纯)39.224 5g溶于水中,定容于1 000mL容量瓶中。

(2) H_2SO_4:浓硫酸(H_2SO_4,GB 625-77,分析纯)。

(3) 0.2mol/L$FeSO_4$溶液:称取56.0g硫酸亚铁($FeSO_4 \cdot 7H_2O$,GB 664-77,化学纯)溶于水中,加浓硫酸5mL,稀释定容至1 000mL。

(4) 邻菲罗啉指示剂:称取1.485g邻菲罗啉与0.695g $FeSO_4 \cdot 7H_2O$,溶于100mL水中。

(5) 2-羧基代二苯胺(O-phenylanthranilicacid,又名邻苯氨基苯甲酸,$C_{13}H_{11}O_2N$)指示剂:称取0.25g药品于小研钵中研细,然后倒入100mL小烧杯中,加入0.1mol/L NaOH溶液12mL,并用少量水将研钵中残留的试剂冲洗入100mL烧杯中,将烧杯放在水浴上加热使其溶解,冷却后稀释定容到250mL,放置澄清或过滤,用其清液。

(6) Ag_2SO_4:硫酸银(Ag_2SO_4,HG3-945-76,分析纯),研成粉末。

(7) SiO_2:二氧化硅(SiO_2,Q/HG22-562-76,分析纯),研成粉末。

1.1.2 方法原理

在外加热的条件下(油浴温度为180℃,沸腾5min),用一定浓度的重铬酸钾-硫酸溶液氧化土壤有机质(碳),剩余的重铬酸钾用硫酸亚铁滴定,从所消耗的重铬酸钾量,计算有机碳的含量。本方法测得的结果,与干烧法对比,只能氧化90%的有机碳,因此将测得的有机碳乘上校正系数1.1,以计算有机碳量。在氧化和滴定过程中的化学反应如下:

$$2K_2Cr_2O_7 + 8H_2SO_4 + 3C \rightarrow 2K_2SO_4 + 2Cr_2(SO_4)_3 + 3CO_2 + 8H_2O$$

$$K_2Cr_2O_7 + 6FeSO_4 + 7H_2SO_4 \rightarrow K_2SO_4 + Cr_2(SO_4)_3 + 3Fe_2(SO_4)_3 + 7H_2O$$

在1mol/L H_2SO_4溶液中用Fe^{2+}滴定$Cr_2O_7{}^{2-}$时,其滴定曲线的突跃范围为1.22~0.85V。

从表1-1中可以看出每种氧化还原指示剂都有自己的标准电位(E_0)，邻菲罗啉($E_0=1.11V$)，2-羧基代二苯胺($E_0=1.08V$)，以上两种氧化还原指示剂的标准电位(E_0)正落在滴定曲线突跃范围之内，因此，不需要加磷酸而终点容易掌握，可得到准确的结果。

表1-1 滴定过程中使用的4种氧化还原指示剂

指示剂名称	E_0	本身变色（氧化-还原）	Fe^{2+}滴定$Cr_2O_7{}^{2-}$时的变色（氧化-还原）	特点
二苯胺	0.76V	深蓝→无色	深蓝→绿	须加H_3PO_4；近终点须强烈摇动，较难掌握
二苯胺磺酸钠	0.85V	红紫→无色	红紫→深蓝→绿	须加H_3PO_4；终点稍难掌握
2-羧基代二苯胺	1.08V	紫红→无色	棕红→紫→绿	不加H_3PO_4；终点易于掌握
邻菲罗啉	1.11V	淡蓝→无色	橙→灰绿→淡绿→砖红	不加H_3PO_4；终点易于掌握

滴定开始时以重铬酸钾的橙色为主，滴定过程中渐现Cr^{3+}的绿色，快到终点变成灰绿色，如标准亚铁溶液过量半滴，即变成砖红色，表示终点已到。

但用邻菲罗啉的一个问题是，指示剂往往被某些悬浮土粒吸附，到终点时颜色变化不清楚，所以常常在滴定前将悬浮浊液在玻璃滤器上过滤。

从表1-1中也可以看出，二苯胺、二苯胺磺酸钠指示剂变色的氧化还原标准电位(E_0)分别为0.76V、0.85V。指示剂变色在重铬酸钾与亚铁滴定曲线突跃范围之外。因此使终点后移，为此，在实际测定过程中加入NaF或H_3PO_4络合Fe^{3+}，使其反应为：

$$Fe^{3+}+2PO_4{}^{3-}\rightarrow Fe(PO_4)_2^{3-}$$

$$Fe^{3+}+6F^-\rightarrow[FeF_6]^{3-}$$

加入磷酸等不仅可以消除Fe^{3+}的颜色，而且能使Fe^{3+}/Fe^{2+}体系的电位大大降低，从而使滴定曲线的突跃电位加宽，使二苯胺等指示剂的变色电位进入突跃范围之内。

根据以上各种氧化还原指示剂的性质及滴定终点掌握的难易，推荐应用2-羧基代二苯胺。价格便宜，性能稳定。

1.1.3 实验步骤

称取通过0.149mm筛孔的风干土样0.1～1g(精确到0.000 1g)[注2]，放入一干燥的硬质试管中[注3,注4]，用移液管准确加入0.800 0mol/L($1/6K_2Cr_2O_7$)标准溶液5mL(如果土壤中含有氯化物，需先加0.1gAg_2SO_4)，用注射器加入5mL浓H_2SO_4充分摇匀[注5]，管口盖上弯颈小漏斗，以冷凝蒸出之水汽。

将8～10个试管放入自动控温的铝块管座中(试管内的液温控制在约170℃)[或将8～10个试管盛于铁丝笼中(每笼中均有1～2个空白的试管)，放入温度为185～190℃的石蜡油浴锅[注6,注7]中，要求放入后油浴锅的温度下降至170～180℃左右，以后必须控制电炉，使油浴锅内温度始终维持在170～180℃]，待试管内液体沸腾发生气泡时开始计时[注8]，煮沸5min[注9]，取出试管(用油浴法，稍冷，擦净试管外部油液)。

冷却后，将试管内容物倾入 250mL 三角瓶中，用水洗净试管内部及小漏斗，三角瓶内溶液总体积为 60～70mL，保持混合液中($1/2H_2SO_4$)浓度为 2～3mol/L，然后加入 2－羧基代二苯胺指示剂 12～15 滴，此时溶液呈棕红色。用标准的 0.2mol/L 硫酸亚铁滴定，滴定过程中不断摇动内容物，直至溶液的颜色由棕红经紫色变为暗绿色(灰蓝绿色)，即为滴定终点。如用邻菲罗啉指示剂，加指示剂 2～3 滴，溶液的变色过程由橙黄→蓝绿→砖红色即为终点。记取 $FeSO_4$ 滴定毫升数(V)。

每一批(即上述每铁丝笼或铝块中)样品测定的同时，进行 2～3 个空白试验，即取 0.500g粉状二氧化硅代替土样，其他手续与试样测定相同。记取 $FeSO_4$ 滴定毫升数(V_0)，取其平均值。

1.1.4　结果计算

$$\text{土壤有机碳(g/kg)}=\frac{\frac{c\times 5}{V_0}\times(V_0-V)\times 10^{-3}\times 3.0\times 1.1}{m\times k}\times 1\,000$$

式中：c——0.8000mol/L($1/6K_2Cr_2O_7$)标准溶液的浓度；

5——重铬酸钾标准溶液加入的体积(mL)；

V_0——空白滴定用去 $FeSO_4$ 体积(mL)；

V——样品滴定用去 $FeSO_4$ 体积(mL)；

3.0——1/4 碳原子的摩尔质量(g/mol)；

10^{-3}——将 mL 换算为 L；

1.1——氧化校正系数；

m——风干土样质量(g)；

k——将风干土换算成烘干土的系数。

1.1.5　注意事项

注 1:土壤有机质(碳)的测定还可采用重铬酸钾氧化-分光光度法测定。在加热条件下，土壤样品中的有机碳被过量重铬酸钾-硫酸氧化，六价铬被还原为三价铬，其含量与样品中有机碳含量成正比，于 585nm 波长处测定吸光度，根据三价铬的含量计算有机碳含量。

注 2:含有机质高于 50g/kg 者，称土样 0.1g；含有机质为 20～30g/kg 者，称土样 0.3g；少于 20g/kg 者，称土样 0.5g 以上。由于称样量少，称样时应用减重法以减少称样误差。

注 3:土壤中氯化物的存在可使结果偏高。因为氯化物也被重铬酸钾所氧化，因此，盐土中含有机质的测定必须防止氯化物的干扰，少量氯可加少量 $AgSO_4$，使氯根沉淀下来(生成 AgCl)。$AgSO_4$ 的加入，不仅能沉淀氯化物，而且有促进有机质分解的作用。据研究，当使用 $AgSO_4$ 时，校正系数为 1.04，不使用 $AgSO_4$ 时，校正系数为 1.1。$AgSO_4$ 的用量不能太多，约加 0.1g，否则生成 $Ag_2Cr_2O_7$ 沉淀，影响滴定。

在氯离子含量较高时,可用一个氯化物近似校正系数 1/12 来校正之,由于 $Cr_2O_7^{2-}$ 与 Cl^- 及 Cl 的反应是定量的:

$$Cr_2O_7^{2-}+6Cl^-+14H^+\rightarrow 2Cr^{3+}+3Cl_2+7H_2O$$

$$2Cr_2O_7^{2-}+3C+16H^+\rightarrow 4Cr^{3+}+3CO_2+8H_2O$$

由上两个反应式可知 $C/4Cl^-=12/4\times 35.5\approx 1/12$。

$$\text{土壤含碳量}(g/kg)=\text{未经校正土壤含碳量}(g/kg)-\frac{\text{土壤 Cl 含量}(g/kg)}{12}$$

此校正系数在 Cl∶C 比为 5∶1 以下时适用。

注 4:对于水稻土、沼泽土和长期渍水的土壤,由于土壤中含有较多的 Fe^{2+}、Mn^{2+} 及其他一些还原性物质,它们也消耗 $K_2Cr_2O_7$,可使结果偏高,对这些样品必须在测定前充分风干。一般可把样品磨细后,铺成薄薄一层,在室外通风处风干 10d 左右即可使全部 Fe^{2+} 氧化。长期沤水的水稻土,虽经几个月风干处理,样品中仍有亚铁反应,对这种土壤,最好采用铬酸磷酸湿烧——测定二氧化碳法。

注 5:为了减少 0.4mol/L($1/6K_2Cr_2O_7$)-H_2SO_4 溶液的黏滞性带来的操作误差,准确加入 0.800 0mol/L ($1/6K_2Cr_2O_7$) 水溶液 5mL 及浓 H_2SO_4 5mL,以代替 0.4mol/L ($1/6K_2Cr_2O_7$)溶液 10mL。在测定石灰性土壤样品时,也必须慢慢加入 $K_2Cr_2O_7$-H_2SO_4 溶液,以防止由于碳酸钙的分解而引起激烈发泡。

注 6:最好不采用植物油,因它也可被重铬酸钾氧化,而可能带来误差。矿物油或石蜡对测定无影响。油浴锅预热温度,当气温很低时应高一些(约 200℃)。铁丝笼应该有脚,使试管不与油浴锅底部接触。

注 7:用矿物油虽对测定无影响,但空气污染较为严重,最好采用铝块(有试管孔座的)加热自动控温的方法来代替油浴法。

注 8:必须在试管内溶液表面开始沸腾才开始计算时间。掌握沸腾的标准尽量一致,然后继续消煮 5min,消煮时间对分析结果有较大的影响,故应尽量准确。

注 9:消煮好的溶液颜色,一般应是黄色或黄中略带绿色,如果以绿色为主,则说明重铬酸钾用量不足。在滴定时消耗硫酸亚铁量小于空白用量的 1/3 时,有氧化不完全的可能,应弃去重做。

1.2 重铬酸钾——稀释热法

1.2.1 试剂配制

(1) 1mol/L($1/6K_2Cr_2O_7$)溶液:准确称取 49.04g$K_2Cr_2O_7$(分析纯,105℃烘干),溶于水中,稀释定容至 1 000mL。

(2) 0.4mol/L($1/6K_2Cr_2O_7$)的基准溶液:准确称取 $K_2Cr_2O_7$(分析纯)(在 130℃烘 3h)19.613 2g 于 250mL 烧杯中,以少量水溶解,全部洗入 1 000mL 容量瓶中,加入浓

H_2SO_4 约 70mL,冷却后用水定容至刻度,充分摇匀备用[其中含硫酸浓度约为 2.5mol/L $(1/2H_2SO_4)$]。

(3) 0.5mol/L$FeSO_4$ 溶液:称取 140g$FeSO_4 \cdot 7H_2O$ 溶于水中,加入 15mL 浓 H_2SO_4,冷却稀释至 1L 或称取 196.1g$Fe(NH_4)_2(SO_4)_2 \cdot 6H_2O$ 溶解于含有 200mL 浓 H_2SO_4 的 800mL 水中,稀释定容至 1L。

此溶液的准确浓度用 0.4mol/L$(1/6K_2Cr_2O_7)$的基准溶液标定。即分别准确吸取 3 份 0.4mol/L$(1/6K_2Cr_2O_7)$的基准溶液各 25mL 于 150mL 三角瓶中,加 5mL 浓硫酸,加水 50mL,加入邻菲罗啉指示剂 2~3 滴,然后用 0.5mol/L$FeSO_4$ 溶液滴定至终点,并计算出 $FeSO_4$ 的准确浓度。硫酸亚铁($FeSO_4$)溶液在空气中易被氧化,需每天用 0.4mol/L 的$(1/6K_2Cr_2O_7)$溶液标定。$C=25\times0.4/V_{Fe}$。

(4) 邻菲罗啉指示剂:称取 1.485g 邻菲罗啉与 0.695g$FeSO_4 \cdot 7H_2O$,溶于 100mL 水中。

1.2.2 方法原理

基本原理、主要步骤与重铬酸钾容量法(外加热法)相同。稀释热法(水合热法)是利用浓硫酸和重铬酸钾迅速混合时所产生的热来氧化有机质,以代替外加热法中的油浴加热,操作更加方便。由于产生的温度较低,对有机质氧化程度较低,只有 77%。

1.2.3 实验步骤

准确称取 0.500 0g 土壤样品于 500mL 的三角瓶中,然后准确加入 1mol/L $(1/6K_2Cr_2O_7)$溶液 10mL 于土壤样品中,转动瓶子使之混合均匀,然后加入 20mL 浓 H_2SO_4,将三角瓶缓缓转动 1min,促使混合以保证试剂与土壤充分作用,并在石棉板上放置约 30min,加水稀释至 250mL,加邻菲罗啉指示剂 3~4 滴,然后用 0.5mol/L $FeSO_4$ 溶液滴定,近终点时溶液颜色由绿变成暗绿色,逐滴加入 $FeSO_4$ 直至生成红色为止。

用同样的方法作空白测定(即不加土样)。

如果 $K_2Cr_2O_7$ 被还原的量超过 75%,则需用更少的土壤重做。

1.2.4 结果计算

$$土壤有机碳(g/kg)=\frac{c(V_0-V)\times10^{-3}\times3.0\times1.33}{烘干土重}\times1\,000$$

$$土壤有机质(g/kg)=土壤有机碳(g/kg)\times1.724$$

式中:1.33——氧化校正系数;

c——0.5mol/L$FeSO_4$ 标准溶液的浓度;

V_0——空白滴定用去 $FeSO_4$ 体积(mL);

V——样品滴定用去 $FeSO_4$ 体积(mL);

3.0——1/4 碳原子的摩尔质量(g/mol)；

10^{-3}——将 mL 换算为 L；

1.724——土壤有机碳换成土壤有机质的平均换算系数。

1.2.5 注意事项

泥炭称取 0.05g，土壤有机质含量低于 10g/kg 者称取 2.0g。

2 土壤氮素的测定

2.1 土壤全氮的测定：半微量凯氏法

2.1.1 试剂配制

(1) 硫酸：$\rho=1.84g/mL$。

(2) 10mol/L NaOH溶液：称取420g工业用固体NaOH，于硬质玻璃烧杯中，加蒸馏水400mL溶解，不断搅拌，以防止烧杯底固结，冷却后倒入塑料试剂瓶，加塞，防止吸收空气中的CO_2，放置几天待Na_2CO_3沉降后，将清液虹吸入盛有约160mL无CO_2的水中，并以去CO_2的蒸馏水定容1L，加盖橡皮塞。

(3) 甲基红-溴甲酚绿混合指示剂：0.5g溴甲酚绿和0.1g甲基红溶于100mL乙醇中[注1]。

(4) 20g/L H_3BO_3-指示剂溶液：20g H_3BO_3溶于1L水中，每升H_3BO_3溶液中加入甲基红-溴甲酚绿混合指示剂5mL，并用稀酸或稀碱调节至微紫红色，此时该溶液的pH值为4.8。指示剂用前与硼酸混合，此试剂宜现配，不宜久放。

(5) 混合加速剂：K_2SO_4 ∶ $CuSO_4$ ∶ Se＝100 ∶ 10 ∶ 1，即100g K_2SO_4（化学纯）、10g $CuSO_4 \cdot 5H_2O$和1g Se粉混合研磨，通过80号筛充分混匀（注意戴口罩），贮于具塞瓶中。消煮时每毫升H_2SO_4加0.37g混合加速剂。

(6) 0.02mol/L($1/2H_2SO_4$)标准溶液：量取H_2SO_4（化学纯，无氮，$\rho=1.84g/mL$）2.83mL，加水稀释至5 000mL，然后用标准碱或硼砂标定。

(7) 0.01mol/L($1/2H_2SO_4$)标准液：将0.02mol/L($1/2H_2SO_4$)标准液用水准确稀释一倍。

(8) 高锰酸钾溶液：25g高锰酸钾（分析纯）溶于500mL无离子水，贮于棕色瓶中。

(9) 1∶1硫酸（化学纯，无氮，$\rho=1.84g/mL$）：与等体积水混合。

(10) 还原铁粉：磨细通过孔径0.15mm(100目)筛。

(11) 辛醇。

2.1.2 方法原理

样品在加速剂的参与下，用浓硫酸消煮时，各种含氮有机化合物，经过复杂的高温分解反应，转化为氨与硫酸，结合成硫酸铵。碱化后蒸馏出来的氨用硼酸吸收，以标准酸溶液滴定，求出土壤全氮含量(不包括全部硝态氮)。

包括硝态和亚硝态氮的全氮测定，在样品消煮前，需先用高锰酸钾将样品中的亚硝态氮氧化为硝态氮后，再用还原铁粉使全部硝态氮还原，转化成铵态氮。

在高温下硫酸是一种强氧化剂，能氧化有机化合物中的碳，生成 CO_2，从而分解有机质。

$$2H_2SO_4 + C \rightarrow H_2O + 2SO_2\uparrow + CO_2\uparrow$$

样品中的含氮有机化合物，如蛋白质在浓 H_2SO_4 的作用下，水解成为氨基酸，氨基酸又在 H_2SO_4 的脱氨作用下，还原成氨，氨与硫酸结合成为硫酸铵留在溶液中。

Se 的催化过程如下：

$$2H_2SO_4 + Se \rightarrow \underset{\text{(亚硒酸)}}{H_2SeO_3} + 2SO_2\uparrow + H_2O$$

$$H_2SeO_3 \rightarrow SeO_2 + H_2O$$

$$SeO_2 + C \rightarrow Se + CO_2$$

由于 Se 的催化效能高，一般常量法 Se 粉用量不超过 0.1～0.2g，如用量过多则将引起氮的损失。

$$(NH_4)_2SO_4 + H_2SeO_3 \rightarrow (NH_4)_2SeO_3 + H_2SO_4$$

$$3(NH_4)_2SeO_3 \rightarrow 2NH_3 + 3Se + 9H_2O + 2N_2\uparrow$$

以 Se 做催化剂的消煮液，不能用于氮磷联合测定。硒是一种有毒元素，在消化过程中，放出 H_2Se，H_2Se 的毒性较 H_2S 更大，易引起人中毒，所以实验室要有良好的通风设备，方可使用这种催化剂。

$CuSO_4$ 的催化作用如下：

$$4CuSO_4 + 3C + 2H_2SO_4 \xrightarrow{\Delta} 2Cu_2SO_4 + 4SO_2\uparrow + 3CO_2\uparrow + 2H_2O$$

$$Cu_2SO_4 + 2H_2SO_4 \rightarrow 2CuSO_4 + 2H_2O + SO_2\uparrow$$

当土壤中有机质分解完毕，碳素被氧化后，消煮液则呈现清澈的蓝绿色即“清亮”，因此硫酸铜不仅起催化作用，也起指示作用。同时应该注意开氏法刚刚清亮并不表示所有的氮均已转化为铵，有机杂环态氮还未完全转化为铵态氮，因此消煮液清亮后仍需消煮一段时间，这个过程叫“后煮”。

消化液中硫酸铵加碱蒸馏，使氨逸出，以硼酸吸收之，然后用标准酸液滴定。

蒸馏过程的反应：

$$(NH_4)_2SO_4 + 2NaOH \rightarrow Na_2SO_4 + 2NH_3 + 2H_2O$$

$$NH_3 + H_2O \rightarrow NH_4OH$$

$$NH_4OH + H_3BO_3 \rightarrow NH_4 \cdot H_2BO_3 + H_2O$$

滴定过程的反应：

$$2NH_4 \cdot H_2BO_3 + H_2SO_4 \rightarrow (NH_4)_2SO_4 + 2H_3BO_3$$

2.1.3　实验步骤

(1) 称取风干土样(通过 0.149mm 筛)1.0×××g(含氮约 1mg注2),同时测定土样水分含量。

(2) 土样消煮。

①不包括硝态氮和亚硝态氮的消煮:将土样送入干燥的开氏瓶(或消煮管)底部,加少量无离子水(约 0.5～1mL)湿润土样后注3,加入加速剂 2g 和浓硫酸 5mL,摇匀,将开氏瓶倾斜置于 300W 变温电炉上,用小火加热,待瓶内反应缓和时(约 10～15min),加强火力使消煮的土液保持微沸,加热的部位不超过瓶中的液面,以防瓶壁温度过高而使铵盐受热分解,导致氮素损失。消煮的温度以硫酸蒸汽在瓶颈上部 1/3 处冷凝回流为宜。待消煮液和土粒全部变为灰白稍带绿色后,再继续消煮 1h。消煮完毕,冷却,待蒸馏。

在消煮土样的同时,做两份空白测定,除不加土样外,其他操作皆与测定土样相同。

②包括硝态和亚硝态氮的消煮:将土样送入干燥的开氏瓶(或消煮管)底部,加高锰酸钾溶液 1mL,摇动开氏瓶,缓缓加入 1∶1 硫酸 2mL,不断转动开氏瓶,然后放置 5min,再加入 1 滴辛醇。通过长颈漏斗将 0.5g(±0.01g)还原铁粉送入开氏瓶底部,瓶口盖上小漏斗,转动开氏瓶,使铁粉与酸接触,待剧烈反应停止时(约 5min),将开氏瓶置于电炉上缓缓加热 45min(瓶内土液应保持微沸,以不引起大量水分丢失为宜)。停火,待开氏瓶冷却后,通过长颈漏斗加加速剂 2g 和浓硫酸 5mL,摇匀。按上述①的步骤,消煮至土液全部变为黄绿色,再继续消煮 1h。消煮完毕,冷却,待蒸馏。在消煮土样的同时,做两份空白测定。

(3) 氨的蒸馏。

①蒸馏前先检查蒸馏装置是否漏气,并通过水的馏出液将管道洗净。

②待消煮液冷却后,用少量无离子水将消煮液定量地全部转入蒸馏器内,并用水洗涤开氏瓶 4～5 次(总用水量不超过 30～35mL),若用半自动式自动定氮仪,不需要转移,可直接将消煮管放入定氮仪中蒸馏。

于 150mL 锥形瓶中,加入 20g/L 硼酸-指示剂混合液 5mL注4,放在冷凝管末端,管口置于硼酸液面以上 3～4cm 处注5。然后向蒸馏室内缓缓加入 10mol/L NaOH 溶液 20mL,通入蒸汽蒸馏,待馏出液体积约 50mL 时,即蒸馏完毕。用少量已调节至 pH 值为 4.5 的水洗涤冷凝管的末端。

③用 0.01mol/L($1/2H_2SO_4$)或 0.01mol/L HCl 标准溶液滴定馏出液由蓝绿色至刚变为紫红色。记录所用酸标准溶液的体积(mL)。空白测定所用酸标准溶液的体积,一般不得超过 0.4mL。

2.1.4　结果计算

$$\text{土壤全氮(N)量(g/kg)}=\frac{(V-V_0)\times c(\frac{1}{2}H_2SO_4)\times 14.0\times 10^{-3}}{m}\times 10^3$$

式中：V——滴定试液时所用酸标准溶液的体积(mL)；

V_0——滴定空白时所用酸标准的体积(mL)；

c——0.01mol/L($1/2H_2SO_4$)或 HCl 标准溶液浓度；

14.0——氮原子的摩尔质量(g/mol)；

10^{-3}——将 mL 换算为 L；

m——烘干土样的质量(g)。

两次平行测定结果允许绝对相差：土壤含氮量大于 1.0g/kg 时，不得超过 0.005%；含氮 1.0～0.6g/kg 时，不得超过 0.004%；含氮小于 0.6g/kg 时，不得超过 0.003%。

2.1.5 注意事项

注 1：对于微量氮的滴定还可以用另一更灵敏的混合指示剂，即 0.099g 溴甲酚绿和 0.066g 甲基红溶于 100mL 乙醇中。如要配制成 20g/L H_3BO_3 -指示剂溶液：称取硼酸(分析纯)20g 溶于约 950mL 水中，加热搅动直至 H_3BO_3 溶解，冷却后，加入混合指示剂 20mL 混匀，并用稀酸或稀碱调节至紫红色(pH 值约为 5)，加水稀释至 1L 混匀备用。宜现配现用。

注 2：一般应使样品中含氮量为 1.0～2.0mg 左右，如果土壤含氮量在 2g/kg 以下，应称土样 1g；含氮量在 2.0～4.0g/kg 者，应称 0.5～1.0g；含氮量在 4.0g/kg 以上者，应称 0.5g。

注 3：开氏法测定全氮样品必须磨细通过 100 目孔筛，以使有机质能充分被氧化分解，对于黏质土壤样品，在消煮前须先加水湿润使土粒和有机质分散，以提高氮的测定效果。但对于砂质土壤样品，用水湿润与否并没有显著差别。

注 4：硼酸的浓度和用量以能满足吸收 NH_3 为宜，大致可按每毫升 10g/L H_3BO_3 能吸收氮(N)量为 0.46mg 计算，例如 20g/L H_3BO_3 溶液 5mL 最多可吸收的氮(N)量为 $5\times2\times0.46=4.6$mg。因此，可根据消煮液中含氮量估计硼酸的用量，适当多加。

注 5：在半微量蒸馏中，冷凝管口不必插入硼酸液中，这样可防止倒吸减少洗涤手续。但在常量蒸馏中，由于含氮量较高，冷凝管须插入硼酸溶液，以免损失。

2.2 土壤铵态氮的测定

2.2.1 2mol/L KCl 浸提——蒸馏法

1) 试剂配制

(1) 20g/L 硼酸：20gH_3BO_3(化学纯)溶于 1L 水中，每升 H_3BO_3 溶液中加入甲基红-溴甲酚绿混合指示剂 5mL 并用稀酸或稀碱调节至微紫红色，此时该溶液的 pH 值为 4.8。指示剂用前与硼酸混合，此试剂宜现配，不宜久放。

(2) 0.005mol/L($1/2H_2SO_4$)标准液：量取 H_2SO_4(化学纯)2.83mL，加蒸馏水稀释至 5 000mL，然后用标准碱或硼酸标定，此为 0.02××mol/L($1/2H_2SO_4$)标准溶液，再将此标准液准确地稀释 4 倍，即得 0.005×mol/L($1/2H_2SO_4$)标准液[注1]。

(3) 2mol/L KCl 溶液：称 KCl(化学纯)149.1g 溶解于 1L 水中。

(4) 120g/L MgO 悬浊液：称 MgO 12g 经 500～600℃灼烧 2h，冷却，放入 100mL 水中摇匀。

2) 方法原理

用 2mol/LKCl 浸提土壤，把吸附在土壤胶体上的 $NH_4{}^+$ 及水溶性 $NH_4{}^+$ 浸提出来。取一份浸出液在半微量定氮蒸馏器中加 MgO(MgO 是弱碱，有防止浸出液中酰胺有机氮水解的可能)蒸馏。蒸出的氨以 H_3BO_3 吸收，用标准酸溶液滴定，计算土壤中的NH_4^+ -N 含量。

3) 实验步骤

取新鲜土样 10.0g[注2]，放入 100mL 三角瓶中，加入 2mol/L KCl 溶液 50.0mL。用橡皮塞塞紧，振荡 30min，立即过滤于 50mL 三角瓶中(如果土壤 NH_4^+ 含量低，可将液土比改为 2.5∶1)。

吸取滤液 25.0mL(含 NH_4^+ 25μg 以上)放入半微量定氮蒸馏器中，用少量水冲洗，先把盛有 20g/kg 硼酸溶液 5mL 的三角瓶放在冷凝管下，然后再加 120g/kg MgO 悬浊液 10mL 于蒸馏室中蒸馏，待蒸出液达 30～40mL 时(约 10min)停止蒸馏，用少量水冲洗冷凝管，取下三角瓶，用 0.005mol/L($1/2H_2SO_4$)标准液滴至紫红色为终点，同时作空白试验。

4) 结果计算

$$\text{土壤中铵态氮 } NH_4^+ - N \text{ 含量(mg/kg)} = \frac{c \times (V - V_0) \times 14.0 \times ts}{m} \times 10^3$$

式中：c——0.005mol/L($1/2H_2SO_4$)标准溶液浓度；

V——样品滴定硫酸标准溶液体积(mL)；

V_0——空白滴定硫酸标准溶液体积(mL)；

14.0——氮的原子摩尔质量(g/mol)；

ts——分取倍数；

10^3——换算系数；

m——烘干土质量(g)。

2.2.2 2mol/L KCl 浸提——靛酚蓝比色法

1) 试剂配制

(1) 2mol/L KCl 溶液：称取 149.1g 氯化钾(KCl，化学纯)溶于水中，稀释至 1L。

(2) 酚溶液：称取苯酚(C_6H_5OH，化学纯)10g 和硝基铁氰化钠[$Na_2Fe(CN)_5NO_2H_2O$] 100mg 稀释至 1L。此试剂不稳定，须贮于棕色瓶中，在 4℃冰箱中保存。

(3) 次氯酸钠碱性溶液：称取氢氧化钠(化学纯)10g、磷酸氢二钠($Na_2HPO_4 \cdot 7H_2O$，化学纯)7.06g、磷酸钠($Na_3PO_4 \cdot 12H_2O$，化学纯)31.8g 和 52.5g/L 次氯酸钠(NaOCl，化学纯，即含 5%有效氯的漂白粉溶液)10mL 溶于水中，稀释至 1L，贮于棕色瓶中，在 4℃冰箱中保存。

(4) 掩蔽剂：将 400g/L 的酒石酸钾钠($KNaC_4H_4O_6 \cdot 4H_2O$，化学纯)与 100g/L 的 EDTA 二钠盐溶液等体积混合。每 100mL 混合液中加入 10mol/L 氢氧化钠溶液0.5mL。

(5) 2.5μg/mL 铵态氮(NH_4^+-N)标准溶液：称取干燥的硫酸铵[$(NH_4)_2SO_4$，分析纯]0.471 7g 溶于水中，洗入容量瓶后定容至 1L，制备成含铵态氮(N)100μg/mL 的贮存溶液；使用前将其加水稀释 40 倍，即配制成含铵态氮(N)2.5μg/mL 的标准溶液备用。

2) 方法原理

用 2mol/LKCl 溶液浸提土壤，把吸附在土壤胶体上的 NH_4^+ 及水溶性 NH_4^+ 浸提出来。土壤浸出液中的铵态氮在强碱性介质中与次氯酸盐和苯酚作用，生成水溶性染料靛酚蓝，溶液的颜色很稳定。在含氮 0.05～0.5mg/L 的范围内，吸光度与铵态氮含量成正比，可用比色法测定。

3) 实验步骤

(1) 浸提：称取相当于 20.00g 干土的新鲜土样(若是风干土，过 10 号筛)准确到 0.01g，置于 200mL 三角瓶中，加入氯化钾溶液 100mL，塞紧塞子，在振荡机上振荡 1h。取出静置，待土壤-氯化钾悬浊液澄清后，吸取一定量上层清液进行分析。如果不能在 24h 内进行分析，用滤纸过滤悬浊液，将滤液储存在冰箱中备用。

(2) 比色：吸取土壤浸出液 2～10mL(含 NH_4^+-N 2～25μg)放入 50mL 容量瓶中，用氯化钾溶液补充至 10mL，然后加入苯酚溶液 5mL 和次氯酸钠碱性溶液 5mL，摇匀，在 20℃左右的室温下放置 1h 后[注1]，加掩蔽剂 1mL 以溶解可能产生的沉淀物，然后用水定容至刻度。用 1cm 比色槽在 625nm 波长处(或红色滤光片)进行比色，读取吸光度。

(3) 工作曲线：分别吸取 0.00mL、2.00mL、4.00mL、6.00mL、8.00mL、10.00mL NH_4^+-N 标准液于 50mL 容量瓶中，各加 10mL 氯化钾溶液，同上述步骤(2) 进行比色测定。

4) 结果计算

$$\text{土壤中 } NH_4^+-N \text{ 含量(mg/kg)} = \frac{\rho \times V \times ts}{m}$$

式中：ρ——显色液铵态氮的质量浓度(μg/mL)；

V——显色液的体积(mL)；

ts——分取倍数；

m——样品质量(g)。

5）注意事项

注 1：显色后，在 20℃左右放置 1h 再加入掩蔽剂。过早加入会使显色反应很慢，蓝色偏弱；加入过晚，则生成的氢氧化物沉淀可能老化而不易溶解。

2.3　土壤硝态氮的测定

2.3.1　酚二磺酸比色法

1）试剂配制

(1) $CaSO_4 \cdot 2H_2O$（分析纯，粉状）；$CaCO_3$（分析纯，粉状）；$Ca(OH)_2$（分析纯，粉状）；$MgCO_3$（分析纯，粉状）；Ag_2SO_4（分析纯，粉状）；1∶1NH_4OH；活性炭（不含 NO_3^-）。

(2) 酚二磺酸试剂：称取白色苯酚（C_6H_5OH，分析纯）25.0g 置于 500mL 三角瓶中，以 150mL 纯浓 H_2SO_4 溶解，再加入 75mL 发烟 H_2SO_4，并置于沸水浴中加热 2h，可得酚二磺酸溶液，储于棕色瓶中保存。使用时须注意其强烈的腐蚀性。如无发烟 H_2SO_4，可用酚 25.0g，加 225mL 浓 H_2SO_4，沸水中加热 6h 配成。试剂冷却后可能析出结晶，用时须重新加热溶解，但不可加水，试剂必须贮于密闭的玻塞棕色瓶中，严防吸湿。

(3) 10μg/mL NO_3^-－N 标准溶液：准确称取 0.722 1g KNO_3（二级）溶于水，定容 1L，此为 100μg/mL NO_3^-－N 溶液，将此液准确稀释 10 倍，即为 10μg/mL NO_3^-－N 标准液。

2）方法原理

土壤浸提液中的 NO_3^-－N 在蒸干无水的条件下能与酚二磺酸试剂作用，生成硝基酚二磺酸：

$$C_6H_3OH(HSO_3)_2 + HNO_3 \rightarrow C_6H_2OH(HSO_3)_2NO_2 + H_2O$$

2,4-酚二磺酸　　　　6-硝基酚-2,4-二磺酸

此反应必须在无水条件下才能迅速完成，反应产物在酸性介质中无色，碱化后则为稳定的黄色溶液，黄色的深浅与 NO_3^-－N 含量在一定范围内成正相关，可在 400～425nm 处（或用蓝色滤光片）比色测定。酚二磺酸法的灵敏度很高，可测出溶液中 0.1mg/L NO_3^-－N，测定范围为 0.1～2mg/L。

3）实验步骤

(1) 浸提：称取新鲜土样[注1]放在 500mL 三角瓶中，加入 0.5g$CaSO_4 \cdot 2H_2O$[注2]和 250mL 水，盖塞后，用振荡机振荡 10min。放置 5min 后，将悬液的上部清液用干滤纸过滤，澄清的滤液收集在干燥洁净的三角瓶中。如果滤液因有机质而呈现颜色，可加活性炭除之[注3,注4]。

(2) 测定：吸取清液 25～50mL（含 NO_3^-－N 20～150μg）于瓷蒸发皿中，加 $CaCO_3$ 约 0.05g[注5]，在水浴上蒸干[注6]，到达干燥时不应继续加热。冷却，迅速加入酚二磺酸试剂

2mL，将皿旋转，使试剂接触到所有的蒸干物。静止 10min 使其充分作用后，加水 20mL，用玻璃棒搅拌直到蒸干物完全溶解。冷却后缓缓加入 1∶1 NH_4OH注7 并不断搅拌混匀，至溶液呈微碱性（溶液显黄色）再多加 2mL，以保证 NH_4OH 试剂过量。然后将溶液全部转入 100mL 容量瓶中，加水定容注8。在分光光度计上用光径 1cm 比色杯在波长 420nm 处比色，以空白溶液作参比，调节仪器零点。

NO_3^- －N 工作曲线绘制：分别取 10μg/mL NO_3^- －N 标准液 0mL、1mL、2mL、5mL、10mL、15mL、20mL 于蒸发皿中，在水浴上蒸干，与待测液相同操作，进行显色和比色，绘制成标准曲线。

4）结果计算

$$\text{土壤中 } NO_3^- - N \text{ 含量(mg/kg)} = \frac{\rho(NO_3^- - N) \times V \times ts}{m}$$

式中：$\rho(NO_3^- - N)$——从标准曲线上查得（或回归所求）的显色液 NO_3^- －N 质量浓度（μg/mL）；

V——显色液的体积（mL）；

ts——分取倍数；

m——烘干样品质量（g）。

5）注意事项

注 1：硝酸根为阴离子，不为土壤胶体吸附，且易溶于水，很易在土壤内部移动，在土壤剖面上下层中移动频繁，因此测定硝态氮时应注意采样深度。即不仅要采集表层土壤，而且要采集心土和底土，采样深度可达 40cm、60cm 以至 120cm。试验证明：旱地土壤上分析全剖面的硝态氮含量能更好地反映土壤的供氮水平。和表层土壤比较，则全剖面的硝态氮含量与生物反应之间有更好的相关性，土壤经风干或烘干易引起 NO_3^- －N 变化，故一般都用新鲜土样测定。

注 2：用酚二磺酸法测定硝态氮，首先要求浸提液清澈，不能混浊，但是一般中性或碱性土壤滤液不易澄清，且带有机质的颜色，为此在浸提液中应加入凝聚剂。凝聚剂的种类很多，有 CaO、$Ca(OH)_2$、$CaCO_3$、$MgCO_3$、$KAl(SO_4)_2$、$CuSO_4$、$CaSO_4$ 等，其中 $CuSO_4$ 有防止生物转化的作用，但在过滤前必须以氢氧化钙或碳酸镁除去多余的铜，因此以 $CaSO_4$ 法提取较为方便。

注 3：如果土壤浸提液由于有机质而染有较深的颜色，则可用活性炭除去之，但不宜用 H_2O_2，以防最后显色时反常。

注 4：土壤中的亚硝酸根和氯离子是本法的主要干扰离子。亚硝酸和酚二磺酸产生同样的黄色化合物，但一般土壤中亚硝酸含量极少，可忽略不计。必要时可加少量尿素、硫尿和氨基磺酸（20g/L NH_2SO_3H）以除去之。例如，亚硝酸根如果超出了 1μg/mL 时，一般每 10mL 待测液中加入 20mg 尿素，并放置过夜，以破坏亚硝酸根。

检查亚硝酸根的方法：可取待测液 5 滴于白瓷板上，加入亚硝酸试粉 0.1g，用玻璃棒搅拌后，放置10min，如有红色出现，即有1mg/L亚硝酸根存在。如果红色极浅或无色，则可省去破坏亚硝酸根的步骤。

$$NO_3^- + 3Cl^- + 4H^+ \rightarrow NOCl + Cl_2 + 2H_2O$$

亚硝酰氯

Cl^-对反应的干扰，主要是在加酸后生成亚硝酰氯化合物或其他氯的气体，如果土壤中含氯化合物超过15mg/kg，则必须加Ag_2SO_4除去之，方法是每100mL浸出液中加入0.1g Ag_2SO_4(0.1g Ag_2SO_4可沉淀22.72mg Cl^-)，摇动15min，然后加入0.2g $Ca(OH)_2$及0.5g $MgCO_3$，以沉淀过量的银，摇动5min后过滤，继续按蒸干显色步骤进行。

注5：在蒸干过程中加入碳酸钙是为了防止硝态氮的损失，因为在酸性和中性条件下蒸干易导致硝酸离子的分解，如果浸出液中含铵盐较多，更易产生负误差。

注6：此反应必须在无水条件下才能完成，因此反应前必须蒸干。

注7：碱化时应用NH_4OH，而不用NaOH或KOH，是因为NH_3能与Ag^+络合成水溶性的$[Ag(NH_3)_2]^+$，不致生成Ag_2O的黑色沉淀而影响比色。

注8：在蒸干前，显色和转入容量瓶时应防止损失。

2.3.2 还原蒸馏法

1) 试剂配制

(1) 饱和硫酸钙溶液：将硫酸钙加入水中充分振荡，使其达到饱和，澄清。

(2) 0.01mol/L HCl标准溶液：将浓盐酸(HCl，$\rho \approx 1.19$g/mL，分析纯)约1mL稀释至1L，用硼砂标准液标定其准确浓度。

(3) 甲基红-溴甲酚绿混合指示剂：称取甲基红0.1g和溴甲酚绿0.5g于玛瑙研钵中，加入100mL乙醇研磨至完全溶解。

(4) 氧化镁悬液：称取氧化镁(MgO，化学纯)12g放入100mL水中，摇匀。

(5) 硫酸亚铁锌还原剂：称取锌粉(Zn，化学纯)与硫酸亚铁($FeSO_4 \cdot 7H_2O$，化学纯)按1∶5混合磨细。

(6) 硼酸指示剂溶液：称取硼酸20g溶于水中，稀释至1L，加入甲基红-溴甲酚绿指示剂20mL，并用稀碱或稀酸调节溶液为紫红色(pH值约为4.5)。

2) 方法原理

土壤浸出液中的NO_3^-和NO_2^-在氧化镁存在下，用$FeSO_4$-Zn还原蒸出氨气为硼酸吸收，用盐酸标准溶液滴定。单测硝态氮时，土壤用饱和硫酸钙溶液浸提，联合测定铵态氮和硝态氮时，土壤用氯化钾浸提。

3) 实验步骤

(1) 浸提：称取新鲜土样放在500mL三角瓶中，加入0.5g $CaSO_4 \cdot 2H_2O$和250mL水，盖塞后，用振荡机振荡10min。放置5min后，将悬液的上部清液用干滤纸过滤，澄清的滤液收集在干燥洁净的三角瓶中。如果滤液因有机质而呈现颜色，可加活性炭除之。

(2) 蒸馏：吸取滤液25mL，放入定氮蒸馏器中，加入氧化镁悬液10mL，通入蒸汽蒸馏去除铵态氮，待铵态氮去除后(用钠氏试剂检查)，加入硫酸亚铁锌还原剂约1g或节瓦尔德合金(过60号筛)0.2g，继续蒸馏，在冷凝管下端用硼酸溶液吸收还原蒸出的氨。用盐酸标准溶液滴定。同时做空白试验。

4) 结果计算

$$\text{土壤中硝态氮}(NO_3^- - N)\text{含量}(mg/kg)=\frac{c\times(V-V_0)\times 14.0\times ts}{m}\times 10^3$$

式中：c——盐酸标准溶液浓度(mol/L)；

V——样品滴定HCl标准溶液体积(mL)；

V_0——空白滴定HCl标准溶液体积(mL)；

14.0——氮的原子摩尔质量(g/mol)；

ts——分取倍数；

10^3——换算系数(包括mL换算为L，10^{-3}；g换算为mg，10^3；换算为每千克土，10^3)；

m——烘干样品质量(g)。

2.4 土壤碱解氮的测定：1mol/L NaOH——扩散法

2.4.1 试剂配制

(1) 1.0mol/L NaOH溶液：称取NaOH(化学纯)40.0g溶于水，冷却后稀释至1L。

(2) 20g/L H_3BO_3-指示剂溶液：20g H_3BO_3(化学纯)溶于1L水中，每升H_3BO_3溶液中加入甲基红-溴甲酚绿混合指示剂5mL，并用稀酸或稀碱调节至微紫红色，此时该溶液的pH值为4.8。指示剂用前与硼酸混合，此试剂宜现配，不宜久放。

(3) 0.005mol/L(1/2H_2SO_4)标准溶液：量取浓H_2SO_4(化学纯)2.83mL，加蒸馏水稀释至5 000mL，然后用标准碱或硼酸标定之，此为0.020 0mol/L(1/2H_2SO_4)标准溶液，再将此标准液准确地稀释4倍，即得0.005mol/L(1/2H_2SO_4)标准液[注1]。

(4) 碱性胶液：取阿拉伯胶40.0g和水50mL在烧杯中热温至70～80℃，搅拌促溶，约1h后放冷。加入甘油20mL和饱和K_2CO_3水溶液20mL，搅拌、放冷。离心除去泡沫和不溶物，清液贮于具塞玻瓶中备用。

(5) $FeSO_4\cdot 7H_2O$粉末：将$FeSO_4\cdot 7H_2O$(化学纯)磨细，装入密闭瓶中，存于阴凉处。

(6) Ag_2SO_4饱和溶液：存于避光处。

2.4.2 方法原理

在扩散皿中，用1.0mol/L NaOH水解土壤，使易水解态氮（潜在有效氮）碱解转化为NH_3，NH_3扩散后为H_3BO_3所吸收。H_3BO_3吸收液中的NH_3再用标准酸滴定，由此计算土壤中碱解氮的含量。

2.4.3 实验步骤[注2]

称取通过18号筛(1mm)风干土样2.00g，置于洁净的扩散皿外室，轻轻旋转扩散皿，使土样均匀地铺平。

取H_3BO_3-指示剂溶液2mL放于扩散皿内室，然后在扩散皿外室边缘涂碱性胶液，盖上毛玻璃[注3]，旋转数次，使皿边与毛玻璃完全黏合。再渐渐转开毛玻璃一边，使扩散皿外室露出一条狭缝，迅速加入1mol/L NaOH溶液10.0mL，立即盖严，轻轻旋转扩散皿，让碱溶液盖住所有土壤。再用橡皮筋圈紧，使毛玻璃固定。随后小心平放在(40±1)℃恒温箱中，碱解扩散(24±0.5)h后取出（可以观察到内室应为蓝色），内室吸收液中的NH_3用0.005mol/L或0.01mol/L($1/2H_2SO_4$)标准液滴定[注4]。

在样品测定的同时进行空白试验，校正试剂和滴定误差。

2.4.4 结果计算

$$碱解氮(N)含量(mg/kg)=\frac{c\times(V-V_0)\times 14.0\times ts}{m}\times 10^3$$

式中：c——0.005mol/L($1/2H_2SO_4$)标准溶液的浓度(mol/L)；

V——样品滴定时用去0.005mol/L($1/2H_2SO_4$)标准液体积(mL)；

V_0——空白试验滴定时用去0.005mol/L($1/2H_2SO_4$)标准液体积(mL)；

14.0——氮原子的摩尔质量(g/mol)；

m——样品质量(g)；

10^3——换算系数（包括mL换算为L，10^{-3}；g换算为mg，10^3；换算为每千克土，10^3）。

两次平行测定结果允许绝对相差为5mg/kg。

2.4.5 注意事项

注1：如要配非常准确的0.005mol/L($1/2H_2SO_4$)标准液，则可以吸取一定量的NH_4^+-N标准溶液，在样品测定的同时，用相同条件的扩散法标定。例如，吸取5.00mg/kg NH_4^+-N标准溶液（含NH_4^+-N 0.250mg）放入扩散皿外室，碱化后扩散释放的NH_3经H_3BO_3吸收后，如滴定用去配好的稀标准H_2SO_4液3.51mL，则标准H_2SO_4的浓度为：

$$c(\frac{1}{2}H_2SO_4)=\frac{0.000\ 25}{3.15\times 0.014}=0.005\ 08(mol/L)$$

注 2:如果要将土壤中 NO_3^-－N 包括在内,测定时需加 $FeSO_4 \cdot 7H_2O$ 粉,并以 Ag_2SO_4 为催化剂,使 NO_3^-－N 还原为 NH_3。而 $FeSO_4$ 本身要消耗部分 NaOH,所以测定时所用 NaOH 溶液的浓度须提高。例如,2g 土加 1.07mol/L NaOH10mL、$FeSO_4 \cdot 7H_2O$ 0.2g 和饱和 Ag_2SO_4 溶液 0.1mL 进行碱解还原。

注 3:由于胶液的碱性很强,在涂胶液和洗涤扩散皿时,必须特别细心,慎防污染内室,造成错误。

注 4:滴定时要用小玻璃棒小心搅动吸收液,切不可摇动扩散皿。

3 土壤硫的测定

3.1 土壤全硫的测定:燃烧碘量法

3.1.1 试剂配制

(1) 盐酸-甘薯淀粉吸收液:于 500mL 正在沸腾的 4g/L 盐酸中,加入 10g/L 甘薯淀粉溶液 200mL,搅匀(甘薯淀粉指示剂比普通淀粉指示剂终点明显,特别适用于低硫的测定)。该吸收液使用不宜超过 30d。

(2) 0.050 0mol/L($1/6K_2Cr_2O_7$)标准溶液:称取在 130℃烘过 3h 的重铬酸钾2.451 6g于烧杯中,加少量水溶解后,移入 1L 容量瓶中,用水稀释定容,摇匀。

(3) 0.050 0mol/L 硫代硫酸钠标准溶液:称取 14.21g 硫代硫酸钠($Na_2S_2O_3 \cdot 7H_2O$),溶于 200mL 水中,加入无水碳酸钠 0.2g,待完全溶解,再以水定容至 1L。放置数天后,以重铬酸钾标准溶液标定,其标定方法如下。

吸取 0.050 0mol/L($1/6K_2Cr_2O_7$)标准溶液 25mL 于 150mL 锥形瓶中,加碘化钾 1g,溶解后加入 HCl(1∶1)5mL,放置暗处 5min,取出以等体积水稀释。用待标定的硫代硫酸钠溶液滴定至溶液由棕红色褪到淡黄色,即加入 10g/L 甘薯淀粉指示剂 2mL(1g 甘薯淀粉溶于 100mL 沸水中),继续滴定至蓝色褪去,溶液呈无色即为终点,记下硫代硫酸钠用量,计算其浓度。

(4) 0.01mol/L 碘酸钾标准溶液:称取 2.14g 碘酸钾溶解于含有 4g 碘化钾和 1g 氢氧化钾的热溶液中,冷却后用水定容至 1L,摇匀。此溶液如需稀释至低浓度时,同样也用 4g/L 碘化钾和 1g/L 氢氧化钾溶液稀释之。测定低硫样品时,可将碘酸钾标准溶液稀释 10 倍后应用。标定方法如下:

吸取待标定的碘酸钾溶液 25mL 于 150mL 锥形瓶中,加 1∶1 盐酸 5mL,立即以刚标定过的相当浓度的硫代硫酸钠标准溶液滴定至溶液由棕红色变为淡黄色,再加入 10g/L 甘薯淀粉指示剂 2mL,继续滴定至蓝色减褪,溶液呈淡蓝色即为终点。滴定近终点时,因蓝色褪去较慢,硫代硫酸钠溶液需要慢慢滴入,每加 1 滴,就摇动 10～20s,以免过量。计算滴定度,公式如下:

$$T=\frac{c \times V_1 \times 32.06}{25}$$

式中：T——碘酸钾标准溶液对硫的滴定度（mg/mL）；

c——硫代硫酸钠标准溶液的浓度（mol/L）；

V_1——消耗硫代硫酸钠标准溶液的体积（mL）；

32.06——硫原子的摩尔质量（g/mol）；

25——待标定的碘酸钾溶液体积（mL）。

（5）50g/L 高锰酸钾溶液：高锰酸钾 5g 溶于 50g/L 碳酸氢钠溶液 100mL 中。

（6）50g/L 硫酸铜溶液：硫酸铜 5g 溶于 100mL 水中。

3.1.2 方法原理

土样在 1 250℃的管式高温电炉通入空气进行燃烧，使样品中的有机硫或硫酸盐中的硫形成二氧化硫逸出，以稀盐酸溶液吸收成亚硫酸，用标准碘酸钾溶液滴定，终点是生成的碘分子（I_2）与指示剂淀粉形成蓝色吸附物质，从而计算出土壤全硫含量。本法适用于 0.05～200g/kg 的全硫含量测定。

$$IO_3^- + 3SO_3^{2-} \rightarrow I^- + 3SO_4^{2-}$$

3.1.3 实验步骤

（1）将有硅碳棒的高温管式电炉预先升温到 1 250℃左右[注1,注2]，在吸收瓶中加入盐酸-甘薯淀粉吸收液 80mL，用吸气法（可用抽气管或真空泵抽气）调节气流速度，使空气顺序通过盛有 50g/L 硫酸铜溶液（用于除去空气中可能存在的硫化氢）、50g/L 高锰酸钾溶液（用于除去还原性气体）及浓硫酸的 3 个洗气瓶，然后进入燃烧管[注3]，再进入盐酸-甘薯淀粉吸收液的底部，最后进入抽气真空泵。用碘酸钾（KIO_3）标准溶液滴定吸收液，使之从无色变为浅蓝色（2～3min 不褪色）。

（2）打开燃烧管的进气端，将盛有土壤样品 0.5～1.5g（精确至 0.000 1g）（样品质量视土壤含硫量而定）的燃烧舟，用耐高温的不锈钢钩送入燃烧管的最热处，迅速把燃烧管与其进气端重新接紧。此时，样品中的含硫化合物经燃烧而释放出二氧化硫气体，随流动的空气进入吸收液[注4,注5]，立即不断地用碘酸钾标准溶液滴定（用刻度 0.05mL 的 10mL 滴定管），使吸收液始终保持浅蓝色（绝不可使溶液变为无色），在 2～3min 不褪色即达终点，记下碘酸钾标准液的用量（mL）。每测定一个样品，一般只需 5～6min。

（3）再打开燃烧管的进气端，用不锈钢钩取出测定过的燃烧舟，并将另一装有土样的燃烧舟送入燃烧管中，继续进行下一个样品的测定，而不需要换吸收液（如果吸收瓶中的吸收液太多时，可转动活塞，适当抽走一部分吸收液，并补加盐酸-甘薯淀粉吸收液）。

3.1.4 结果计算

$$土壤全硫(S)含量(g/kg)=\frac{G\times V\times T}{m\times 1\,000}=\frac{1.05VT}{m}$$

$$土壤全硫(SO_3)含量(g/kg)=全硫(S)含量\times 2.497$$

式中：G——经验校正常数(1.05)[注6]；

V——滴定时用去碘酸钾标准溶液体积(mL)；

T——碘酸钾标准溶液对硫的滴定度(mg/mL)；

m——烘干土样品质量(g)；

1 000——换算系数；

2.497——由硫换算成三氧化硫的系数。

3.1.5　注意事项

注1：要随时检查整个仪器装置有无漏气现象。通空气时，气流不能太快，否则二氧化硫吸收不完全。

注2：测定过程中必须控制温度为(1 250±50)℃。低于此值时，则燃烧分解不完全，影响测定结果，超过此值时，则硅碳棒易烧坏。燃烧不宜连续使用6h以上，否则易损坏。

注3：燃烧管要经常保持清洁，同时燃烧管的位置要固定不变，不能随意转动，仪器装置中所用的橡皮管和橡皮塞均需预先在250g/L氢氧化钠溶液中煮过，借以除去可能混入的硫。

注4：通空气流的目的是帮助高温氧化燃烧，以有利于分解样品中的硫酸盐类，若通氧气则效果更佳。为了促使样品中全硫更好地分解，可加入助熔剂。助熔剂以无水钒酸为好，用量0.1g，也可用0.25g锡粉。

注5：吸收装置中的圆形玻璃漏斗口上应包有耐酸的尼龙布，以便使冒出的气泡细小均匀，使二氧化硫吸收完全。

注6：经试验证明，本法所得全硫结果只相当于实际含量的95%左右，其原因是某些硫酸盐(如硫酸钡)在短时间内不能分解完全，故必须乘以经验校正常数。

3.2　土壤有效硫的测定：磷酸钙浸提——硫酸钡比色法

3.2.1　试剂配制

(1) 浸提剂：①磷酸盐浸提剂(用于酸性土壤)：称取磷酸二氢钙[$Ca(H_2PO_4)_2 \cdot H_2O$，化学纯]2.04g溶于水中，稀释至1L。此浸提剂含磷(P)500mg/L。②氯化钙浸提剂(用于石灰性土壤)：称取氯化钙($CaCl_2$，分析纯)1.5g溶于水，稀释至1L。

(2) 过氧化氢：过氧化氢[$\omega(H_2O_2) \approx 30\%$，化学纯]。

(3) 1∶4HCl溶液：一份浓盐酸(HCl，$\rho \approx 1.19$g/mL，化学纯)与4份水混合。

(4) 阿拉伯胶溶液：称取阿拉伯胶0.25g溶于水，稀释至100mL。

(5) 氯化钡晶粒：将氯化钡($BaCl_2 \cdot 2H_2O$，化学纯)磨碎，筛取0.25～0.5mm部分。

(6) 100μg/mL硫(S)标准溶液：称取0.543 6g硫酸钾(K_2SO_4，分析纯)溶于水，定容至1L。

3.2.2 方法原理

酸性土用磷酸盐(石灰性土用氯化钙)浸提,浸出液中少量有机质用过氧化氢去除后,硫酸根用比浊法测定。

3.2.3 实验步骤

(1) 浸提:称取风干土(通过 10 目筛)10.00g,于 100mL 三角瓶中,加浸提剂 50mL,振荡 1h(20～25℃),用干滤纸过滤。

(2) 比浊:吸取滤液 25mL 于 100mL 三角瓶中,在电热板或砂浴上加热,用过氧化氢 3～5 滴氧化有机物。待有机物分解完全后继续煮沸,除尽过氧化氢。加入(1∶4)盐酸 1mL,用水洗入 25mL 容量瓶中,加入阿拉伯胶溶液 2mL,用水定容。倒入 100mL 烧杯中,加氯化钡晶粒 1g,用磁力搅拌器搅拌 1min。5～30min 内用 3cm 比色槽 440nm 波长比浊,同时作空白对照。

(3) 工作曲线:将硫标准溶液稀释至 ρ(S)＝10.00μg/mL。吸取 0.00mL、1.00mL、3.00mL、5.00mL、8.00mL、10.00mL、12.00mL 分别放入 25mL 容量瓶中,加入 1mL 盐酸和 2mL 阿拉伯胶热溶液,用水定容。得到 0.00μg/mL、0.40μg/mL、1.20μg/mL、2.00μg/mL、3.20μg/mL、4.00μg/mL、4.80μg/mL。S 标准系列溶液。按步骤(2)加氯化钡晶粒比浊[注1]。

3.2.4 结果计算

$$\text{土壤有效硫(S)含量(mg/kg)}=\frac{\rho\times V\times ts}{m}$$

式中:ρ——测定液中硫的质量浓度(μg/mL);

V——测定时定容体积(mL);

ts——分取倍数;

m——烘干土质量(g)。

3.2.5 注意事项

注 1:标准曲线在浓度低的一端不成直线。为了提高测定的可靠性,可在样品溶液和标准系列中都添加等量 SO_4^{2-}－S,使浓度提高到 1μg/mL S(加入 10μg/mL S 标准液 2.5mL)。

4　土壤磷的测定

4.1　土壤全磷的测定

4.1.1　$HClO_4$ - H_2SO_4——钼锑抗比色法

1）试剂配制

(1) 浓硫酸(H_2SO_4,$\rho\approx1.84g/cm^3$,分析纯)。

(2) 70%～72%高氯酸($HClO_4$,$\rho\approx1.60g/cm^3$,分析纯)。

(3) 2,6 -二硝基酚或 2,4 -二硝基酚指示剂溶液:溶解二硝基酚 0.25g 于 100mL 水中。此指示剂的变色点约为 pH 值为 3,酸性时无色,碱性时呈黄色。

(4) 4mol/L 氢氧化钠溶液:溶解 16g NaOH 于 100mL 水中。

(5) 2mol/L($1/2H_2SO_4$)溶液,吸取浓硫酸 6mL,缓缓加入 80mL 水中,边加边搅动,冷却后加水至 100mL。

(6) 钼锑抗试剂:①5g/L 酒石酸氧锑钾溶液:取酒石酸氧锑钾[$K(SbO)C_4H_4O_6$]0.5g,溶解于 100mL 水中。②钼酸铵-硫酸溶液:称取钼酸铵[$(NH_4)_6Mo_7O_{24}\cdot4H_2O$]10g,溶于 450mL 水中,缓慢地加入 153mL 浓 H_2SO_4,边加边搅。再将上述①溶液加入到②溶液中,最后加水至 1L。充分摇匀,贮于棕色瓶中,此为钼锑混合液。

临用前(当天),称取左旋抗坏血酸($C_6H_8O_5$,化学纯)1.5g,溶于 100mL 钼锑混合液中,混匀,此即钼锑抗试剂。有效期 24h,如藏于冰箱中则有效期较长。此试剂中 H_2SO_4 为 5.5mol/L(H^+),钼酸铵为 10g/L,酒后酸氧锑钾为 0.5g/L,抗坏血酸为 15g/L。

(7) 磷标准溶液:准确称取在 105℃下烘干的 KH_2PO_4(分析纯)0.219 5g,溶解在 400mL 水中,加 5mL 浓 H_2SO_4(加 H_2SO_4 防长霉菌,可使溶液长期保存),转入 1L 容量瓶中,加水至刻度。此溶液为 50μg/mL 磷标准溶液。吸取上述磷标准溶液 25mL,稀释至 250mL,即为 5μg/mL 磷标准溶液(此溶液不宜久存)。

2）方法原理

用高氯酸分解样品,因为它既是一种强酸,又是一种强氧化剂,能氧化有机质,分解矿物质,而且高氯酸的脱水作用很强,有助于胶状硅的脱水,并能与 Fe^{3+} 络合,在磷的比色测定中抑制了硅和铁的干扰。硫酸的存在提高了消化液的温度,同时防止消化过程中溶液蒸干，以利消化作用的顺利进行。本法用于一般土壤样品分解率达97%～98%，但对红壤性土壤样品分解率只有95%左右。溶液中磷的测定采用钼锑抗比色法。

3）实验步骤

（1）待测液的制备：准确称取通过100目筛子的风干土样0.500 0～1.000 0g[注1]，置于50mL开氏瓶（或100mL消化管）中，以少量水湿润后，加8mL浓H_2SO_4，摇匀后，再加10滴70%～72%的$HClO_4$，摇匀，瓶口上加一个小漏斗，置于电炉上加热消煮（至溶液开始转白后继续消煮）20min。全部消煮时间约为40～60min。在样品分解的同时作一个空白试验，即所用试剂同上，但不加土样，同样消煮得空白消煮液。

将冷却后的消煮液倒入100mL容量瓶中（容量瓶中事先盛水30～40mL），用水冲洗开氏瓶（用水应根据少量多次的原则），轻轻摇动容量瓶，待完全冷却后，加水定容。静置过夜，次日小心地吸取上层澄清液进行磷的测定；或者用干的定量滤纸过滤，将滤液接收在100mL干燥的三角瓶中待测定。

（2）测定：吸取澄清液或滤液5mL[（对含P0.56g/kg以下的样品可吸取10mL），以含磷（P）在20～30μg为最好]注入50mL容量瓶中，用水冲稀至30mL，加2滴二硝基酚指示剂，滴加4mol/L NaOH溶液直至溶液变为黄色，再加2mol/L（$1/2H_2SO_4$）1滴，使溶液的黄色刚刚褪去（这里不用NH_4OH调节酸度，因消煮液酸浓度较大，需要较多碱去中和，而NH_4OH浓度如超过10g/L就会使钼蓝色迅速消褪）。然后加钼锑抗试剂5mL，再加水定容50mL，摇匀。30min后，用880nm或700nm波长进行比色[注2]，以空白液的透光率为100（或吸光度为0），读出测定液的透光度或吸收值。

（3）标准曲线：准确吸取5μg/mL P标准溶液0mL、1mL、2mL、4mL、6mL、8mL、10mL，分别放入50mL容量瓶中，加水至约30mL，再加空白试验定容后的消煮液5mL，调节溶液pH值为3，然后加钼锑抗试剂5mL，最后用水定容至50mL。30min后进行比色。各瓶比色液磷的浓度分别为0μg/mL、0.1μg/mL、0.2μg/mL、0.4μg/mL、0.6μg/mL、0.8μg/mL、1.0μg/mL。

4）结果计算

从标准曲线上查得待测液的磷含量后，可按下式进行计算：

$$\text{土壤全磷(P)量(g/kg)} = \rho \times \frac{V}{m} \times \frac{V_1}{V_2} \times 10^{-3}$$

式中：ρ—待测液中磷的质量浓度（μg/mL）；

V——样品制备溶液的毫升数（mL）；

m——烘干土质量（g）；

V_1——吸取滤液毫升数（mL）；

V_2——显色的溶液体积（mL）；

10^{-3}——将微克数换算成每千克土壤中含磷的克数的乘数。

5）注意事项

注 1:最后显色溶液中含磷量在 20～30μg 为最好。控制磷的浓度主要通过称样量或最后显色时吸取待测液的毫升数。

注 2:本法钼蓝显色液比色时用 880nm 波长比 700nm 更灵敏，一般分光光度计为 721 型只能选 700nm 波长。

4.1.2　NaOH 熔融——钼锑抗比色法

1）试剂配制

(1) 氢氧化钠(GB 629)。

(2) 无水乙醇(GB 678)。

(3) 100g/L 碳酸钠溶液：10g 无水碳酸钠(GB 639)溶于水后，稀释至 100mL，摇匀。

(4) 50mL/L 硫酸溶液：吸取 5mL 浓硫酸(GB 625，95.0%～98.0%，比重 1.84)缓缓加入 90mL 水中，冷却后加水至 100mL。

(5) 3mol/L H_2SO_4 溶液：量取 160mL 浓硫酸缓缓加入到盛有 800mL 左右水的大烧杯中，不断搅拌，冷却后，再加水至 1 000mL。

(6) 二硝基酚指示剂：称取 0.2g2，6－二硝基酚溶于 100mL 水中。

(7) 5g/L 酒石酸锑钾溶液：称取化学纯酒石酸锑钾 0.5g 溶于 100mL 水中。

(8) 硫酸钼锑贮备液：量取 126mL 浓硫酸，缓缓加入到 400mL 水中，不断搅拌，冷却。另称取经磨细的钼酸铵(GB 657)10g 溶于温度约 60℃300mL 水中，冷却。然后将硫酸溶液缓缓倒入钼酸铵溶液中，再加入 5g/L 酒石酸锑钾溶液 100mL，冷却后，加水稀释至 1 000mL，摇匀，贮于棕色试剂瓶中，此贮备液含 10g/L 钼酸铵，2.25mol/L H_2SO_4。

(9) 钼锑抗显色剂：称取 1.5g 抗坏血酸(左旋，旋光度＋21°～＋22°)溶于 100mL 钼锑贮备液中。此溶液有效期不长，宜用时现配。

(10) 磷标准贮备液：准确称取经 105℃下烘干 2h 的磷酸二氢钾(GB 1274，优级纯)0.439 0g，用水溶解后，加入 5mL 浓硫酸，然后加水定容至 1 000mL，该溶液含磷100mg/L，放入冰箱可供长期使用。

(11) 5mg/L 磷(P)标准溶液：准确吸取 5mL 磷贮备液，放入 100mL 容量瓶中，加水定容。该溶液用时现配。

(12) 无磷定量滤纸。

2）方法原理

土壤样品与氢氧化钠熔融，使土壤中含磷矿物及有机磷化合物全部转化为可溶性的正磷酸盐，用水和稀硫酸溶解熔块，在规定条件下样品溶液与钼锑抗显色剂反应，生成磷钼蓝，用分光光度法定量测定。

3）实验步骤

(1) 熔样：准确称取风干样品 0.25g，精确到 0.000 1g，小心放入镍(或银)坩埚底部，切勿黏在壁上，加入无水乙醇 3～4 滴，润湿样品，在样品上平铺 2g 氢氧化钠，将坩埚（处理大批样品时，暂放入大干燥器中以防吸潮）放入高温电炉，升温，当温度升至 400℃左右时，切断电源，暂停 15min。然后继续升温至 720℃，并保持 15min，取出冷却，加入约 80℃的水 10mL 并用水多次洗坩埚，洗涤液也一并移入该容量瓶，冷却，定容，用无磷定量滤纸过滤或离心澄清，同时作空白试验。

（2）绘制校准曲线：分别准确吸取 5mg/L 磷标准溶液 0mL、2mL、4mL、6mL、8mL、10mL 于 50mL 容量瓶中，同时加入与显色测定所用的样品溶液等体积的空白溶液二硝基酚指示剂 2～3 滴，并用 100g/L 碳酸钠溶液或 50mL/L 硫酸溶液调节溶液至刚呈微黄色，准确加入钼锑抗显色剂 5mL，摇匀，加水定容，即得含磷（P）量分别为 0.0mg/L、0.2mg/L、0.4mg/L、0.8mg/L、1.0mg/L 的标准溶液系列。摇匀，于 15℃以上温度放置 30min 后，在波长 700nm 处，测定其吸光度，在方格坐标纸上以吸光度为纵坐标，以磷浓度（mg/L）为横坐标，绘制校准曲线。

（3）样品溶液中磷的定量。

①显色：准确吸取待测样品溶液 2～10mL（含磷 0.04～1.0μg）于 50mL 容量瓶中，用水稀释至总体积约 3/5 处，加入二硝基酚指示剂 2～3 滴，并用 100g/L 碳酸钠溶液或 50mL/L 硫酸溶液调节溶液至刚呈微黄色，准确加入 5mL 钼锑抗显色剂，摇匀，加水定容，在室温 15℃以上条件下，放置 30min。

②比色：显色的样品溶液在分光光度计上，用 700nm、1cm 光径比色皿，以空白试验为参比液调节仪器零点，进行比色测定，读取吸光度，从校准曲线上查得相应的含磷量。

4）结果计算

$$\text{土壤全磷(P)量(g/kg)} = \rho \times \frac{V_1}{m} \times \frac{V_2}{V_3} \times 10^{-3} \times \frac{100}{100-H}$$

式中：ρ——从校准曲线上查得待测样品溶液中磷的质量浓度（mg/L）；

m——称样质量（g）；

V_1——样品熔后定容的体积（mL）；

V_2——显色时溶液定容的体积（mL）；

V_3——从熔样定容后分取的体积（mL）；

10^{-3}——将 mg/L 浓度单位换算为 kg 质量的换算因素；

100/(100－H)——将风干土变换为烘干土的转换因数；

H——风干土中水分含量百分数。

用两平行测定的结果的算术平均值表示，小数点后保留 3 位。

允许差：平行测定结果的绝对相差不得超过 0.05g/kg。

4.2　土壤速效磷的测定

4.2.1　酸性土壤速效磷的测定：0.05mol/L HCI－0.025mol/L(1/2H_2SO_4)——钼锑抗比色法

1）试剂配制

(1) 提取剂[0.05mol/L HCl－0.025mol/L(1/2H_2SO_4)]：精确量取 l4mL 浓 HCI 和 0.7mL 浓 H_2SO_4，放入 1L 容量瓶中，加水定容。

(2) 抗坏血酸溶液：溶解抗坏血酸 176.0g 于水中，最后加水至 2L。贮于棕色瓶中，最好保存在冰箱中。

(3) 硫酸-钼酸铵溶液：溶解 100g 钼酸铵$(NH_4)_6Mo_7O_{24}\cdot 4H_2O$ 于 500mL 水中。再溶解 2.425g 酒石酸氧锑钾[$K(SbO)C_4H_4O_6\cdot 1/2H_2O$]于钼酸铵溶液中，然后徐徐加入 1 400mL 浓 H_2SO_4，充分混匀，冷却后加水至 2L，贮于塑料瓶中，放在暗处。

(4) 工作溶液：工作溶液需要每天制备，即吸取抗坏血酸溶液 10mL 和硫酸-钼酸铵溶液 20mL，用提取剂稀释至 1L。工作溶液配好后放置 2h 后再使用。

(5) 磷标准溶液(1 000μg/mL P)：溶解 3.85g 磷酸二氢铵($NH_4H_2PO_4$)于 1L 提取剂中，此溶液为 1 000μg/mL P 标准磷溶液。将此标准磷溶液用提取剂稀释，分别制成 1μg/mL、2μg/mL、5μg/mL、10μg/mL、15μg/mL 和 20μg/mL P 的标准系列溶液。

2）方法原理

本法特别适用于固定磷较强的酸性土壤。如土壤有机质含量较低、pH 值小于 6.5、阳离子交换量小于 100cmol/kg 的土壤。本法不仅适用于酸性土壤速效磷的测定，也能用以测定其他有效养分。

3）实验步骤

称取 1mm 土样 5.00g，放入 50mL 三角瓶中，加入提取剂 25mL，在振荡机上振荡 5min，过滤。吸取滤液 1mL，加入工作溶液 24mL，摇匀，放置 30min 后[注1,注2,注3]在分光光度计上用 700nm 波长进行比色(用浸提剂空白调零)。读得吸收值 A，从标准曲线上查得待测液中磷的浓度。

标准曲线绘制分别准确吸取 1μg/mL、2μg/mL、5μg/mL、10μg/mL、15μg/mL 和 20μg/mL P 的标准液 1mL，分别加入 24mL 工作溶液，摇匀，放置 30min 后进行比色，绘制标准曲线，最后溶液中磷的浓度分别为 0.04μg/mL、0.08μg/mL、0.2μg/mL、0.4μg/mL、0.6μg/mL、0.8μg/mL。

4）结果计算

$$土壤有效磷(P)含量(mg/kg)=\mu g/mL\ P\times\frac{25}{5}\times\frac{25}{1}=\mu g/mL\ P\times 125$$

5）注意事项

注 1：钼锑抗法显色 20min 达到最高，而且稳定在 24h 内不变。

注 2：风干土样贮存数月不会影响速效磷的提取，但时间放过长了就有影响。含磷的提取溶液应在 24h 内进行磷的测定，不要放置过长。

注 3：测定时的波长在条件许可情况下，最好选用 882nm。

4.2.2 中性和石灰性土壤速效磷的测定：0.5mol/L $NaHCO_3$——钼锑抗比色法

1）试剂配制

（1）0.5mol/L $NaHCO_3$ 浸提液：溶解 $NaHCO_3$ 42.0g 于 800mL 水中，以 0.5mol/L NaOH 溶液调节浸提液的 pH 值至 8.5。此溶液曝于空气中可因失去 CO_2 而使 pH 值增高，可于液面加一层矿物油保存之。此溶液贮存于塑料瓶中比在玻璃中容易保存，若贮存超过一个月，应检查 pH 值是否改变。

（2）无磷活性炭：活性炭常含有磷，应作空白试验，检验有无磷存在。如含磷较多，须先用 2mol/L HCl 浸泡过夜，用蒸馏水冲洗多次后，再用 0.5mol/L $NaHCO_3$ 浸泡过夜，在平瓷漏斗上抽气过滤，每次用少量蒸馏水淋洗多次，并检查到无磷为止。如含磷较少，则直接用 $NaHCO_3$ 处理即可。

（3）钼锑抗试剂：参见 4.1.1 中试剂配制。

（4）磷标准溶液：参见 4.1.1 中试剂配制。

2）方法原理

石灰性土壤由于存在大量游离碳酸钙，不能用酸溶液来提取有效磷。一般用碳酸盐的碱溶液。由于碳酸根的同离子效应，碳酸盐的碱溶液降低碳酸钙的溶解度，也就降低了溶液中钙的浓度，这样就有利于磷酸钙盐的提取。同时由于碳酸盐的碱溶液也降低了铝和铁离子的活性，有利于磷酸铝和磷酸铁的提取。此外，碳酸氢钠碱溶液中存在着 OH^-，HCO_3^-，CO_3^{2-} 等阴离子，有利于吸附态磷的置换，因此 $NaHCO_3$ 不仅适用石灰性土壤，也适应于中性和酸性土壤中速效磷的提取。待测液中的磷用钼锑抗试剂显色，进行比色测定。

3）实验步骤

称取通过 20 目筛的风干土样 2.5g（精确到 0.001g）于 150mL 三角瓶（或大试管）中，加入 0.5mol/L $NaHCO_3$ 溶液 50mL，再加一勺无磷活性炭[注1]，塞紧瓶塞，在振荡机上振荡 30min[注2]，立即用无磷滤纸过滤，滤液承接于 100mL 三角瓶中，吸取滤液 10mL（含磷量高时吸取 2.5～5.0mL，同时应补加 0.5mol/L $NaHCO_3$ 溶液至 10mL）于 150mL 三角瓶中[注3]，再用滴定管准确加入蒸馏水 35mL，然后用移液管加入钼锑抗试剂 5mL，摇匀，放置 30min 后，用 880nm 或 700nm 波长进行比色。以空白液的吸收值为 0，读出待测液的吸收值（A）。

标准曲线绘制：分别准确吸取 5μg/mL P 磷标准溶液 0mL、1.0mL、2.0mL、3.0mL、4.0mL、5.0mL 于 150mL 三角瓶中，再加入 0.5mol/L $NaHCO_3$ 10mL，准确加水使各瓶的总体积达到 45mL，摇匀；最后加入钼锑抗试剂 5mL，混匀显色。同待测液一样进行比色，绘成标准曲线。最后溶液中磷的浓度分别为 0μg/mL、0.1μg/mL、0.2μg/mL、0.3μg/mL、0.4μg/mL、0.5μg/mL P。

4）结果计算

$$\text{土壤中有效磷(P)含量(mg/kg)} = \rho \times V \times ts / m \times 10^3 \times k \times 1\,000$$

式中：ρ——从工作曲线上查得 P 的质量浓度（μg/mL）；

V——显色时定容体积（mL）；

ts——分取倍数（即浸提液总体积与显色对吸取浸提液体积之比）；

m——风干土质量（g）；

k——将风干土换算成烘干土质量的系数；

10^3——将 μg 换算成 mg；

1 000——换算成每千克含 P 量。

5）注意事项

注 1：活性炭对 PO_4^{3-} 有明显的吸附作用，当溶液中同时存在大量的 HCO_3^- 离子饱和了活性炭颗粒表面，抑制了活性炭对 PO_4^{3-} 的吸附作用。

注 2：本法浸提温度对测定结果影响很大，有关资料曾用不同方式校正该法浸提温度对测定结果的影响，但这些方法都是在某些地区和某一条件下所得的结果，对于各地区不同土壤和条件下不能完全适用，因此必须严格控制浸提时的温度条件，一般要在室温（20～25℃）下进行，具体分析时，前后各批样品应在这个范围内选择一个固定的温度，以便对各批结果进行相对比较。最好在恒温振荡机上进行提取。显色温度（20℃左右）较易控制。

注 3：由于取 0.5mol/L $NaHCO_3$ 浸提滤液 10mL 于 50mL 容量瓶中，加水和钼锑抗试剂后，即产生大量的 CO_2 气体，由于容量瓶口小，CO_2 气体不易逸出，在摇匀过程中，常常造成试液外溢，造成测定误差。为了克服这个缺点，可以准确加入提取液、水和钼锑抗试剂（共计 50mL）于三角瓶中，混匀、显色。

5 土壤钾的测定

5.1 土壤全钾的测定:NaOH 熔融——火焰光度法

5.1.1 试剂配制

(1) 无水酒精(分析纯)。

(2) H_2SO_4(1∶3)溶液:取浓 H_2SO_4(分析纯)1 体积,缓缓注入 3 体积水中混合。

(3) HCl(1∶1)溶液:盐酸(HCl,$\rho \approx 1.19$g/mL,分析纯)与水等体积混合。

(4) 0.2mol/L H_2SO_4 溶液。

(5) 100μg/mL K 标准溶液:准确称取 KCl(分析纯,110℃烘干 2h)0.190 7g 溶解于水中,在容量瓶中定容至 1L,贮存塑料瓶中。

吸取 100μg/mL K 标准溶液 2mL、5mL、10mL、20mL、40mL、60mL,分别放入 100mL 容量瓶中,加入与待测液中等量的试剂成分,使标准溶液中离子成分与待测液相近[在配置标准系列溶液时各加 0.4g NaOH 和 H_2SO_4(1∶3)溶液 1mL],用水定容至 100mL。此为含钾 ρ(K)分别为 2μg/mL、5μg/mL、10μg/mL、20μg/mL、40μg/mL、60μg/mL 系列标准溶液。

5.1.2 方法原理

用 NaOH 熔融土壤与 Na_2CO_3 熔融原理一样,即增加盐基成分,促进硅酸盐的分解,以利于各种元素的溶解。NaOH 熔点(321℃)比 Na_2CO_3(853℃)低,可以在比较低的温度下分解土样,缩短熔化所需要的时间。样品经碱熔后,使难溶的硅酸盐分解成可溶性化合物,用酸溶解后可不经脱硅和去铁、铝等手续,稀释后即可直接用火焰光度法测定。

火焰光度法的基本原理。当样品溶液喷成雾状以气-液溶胶形式进入火焰后,溶剂蒸发而留下气-固溶胶,气-固溶胶中的固体在火焰中被熔化、蒸发为气体分子,继续加热又分解为中性原子(基态),更进一步供给处于基态原子以足够能量,可使基态原子的一个外层电子移至更高的能级(激发态),当这种电子回到低能级时,可发射出特定波长的光,成为该元素的特征之一。例如,钾原子线波长是 766.4nm、769.8nm;钠原子线波长是 589nm。用单色器或干涉型滤光片把元素所发射的特定波长的光从其余辐射谱线中分离出来，直接照射到光电池或光电管上，把光能变成光电流，再由检流器计量出电流的强度。用火焰光度法进行定量分析时，若激发的条件(可燃气体和压缩空气的供给速度，样品溶液的流速，溶液中其他物质的含量等)保持一定，则光电流的强度与被测元素的浓度成正比。即可用下式表示，$I=ac^b$，由于用火焰作为激发光源时较为稳定，式中 a 是个常数，当浓度很低时，自吸现象可忽略不计，此时 $b=1$，于是谱线强度与试样中预测元素的浓度成正比关系：$I=ac$。

把测得的强度与一种标准或一系列的标准的强度比较，即可直接确定待测元素的浓度而计算出未知溶液含钾量。

5.1.3　实验步骤

(1) 待测液的制备：称取烘干土样(100 目)约 0.250 0g 于银(或镍)坩埚底部，用无水酒精稍湿润样品，然后加 2.0g 固体 NaOH[注1]，平铺于土样的表面，暂时放在大干燥器中，以防吸湿。

将坩埚加盖留一小缝放在高温炉内，先以低温加热，然后逐渐升高温度至 450℃(这样可以避免坩埚内 NaOH 和样品溢出)，保持此温度 15min，熔融完毕[注2]。如在普通电炉上加热时则待熔物全部融成流体时，摇动坩埚然后开始计算时间，15min 后熔融物呈均匀流体时，即可停止加热，转动坩埚，使熔融物均匀地附在坩埚壁上。

将坩埚冷却后，加入 10mL 水，加热至 80℃左右[注3]，待熔块溶解后，再煮 5min，转入 50mL 容量瓶中。然后用少量 0.2mol/L H_2SO_4 溶液清洗数次，一起倒入容量瓶内，使总体积至约 4mL，再加 HCl(1∶1)5 滴和 H_2SO_4(1∶3)5mL[注4]，用水定容，过滤。此待测液可供磷和钾的测定用。

(2) 测定：吸取待测液 5.00mL 或 10.00mL 于 50mL 容量瓶中(K 的浓度控制在 10～30μg/mL)，用水定容，直接在火焰光度计上测定，记录检流计的读数，然后从工作曲线上查得待测液的 K 浓度(μg/mL)。注意在测定完毕之后，用蒸馏水在喷雾器下继续喷雾 5min，洗去多余的盐或酸，使喷雾器保持良好的使用状态。

(3) 标准曲线的绘制：将钾标准系列溶液，以浓度最大的一个定到火焰光度计上检流计满度的 80%，对照调零，然后从稀到浓依序进行测定，记录检流计的读数。以检流计读数为横坐标，钾(K)的浓度 μg/mL 为纵坐标，绘制标准曲线图。

5.1.4　结果计算

$$\text{土壤全钾量(K,g/kg)}=\frac{\rho\times\text{测读液的定容体积}\times\text{分取倍数}}{m\times10^6}\times1\,000$$

式中：ρ——从标准曲线上查得待测液中 K 的质量浓度(μg/mL)；

m——烘干样品质量(g)；

10^6——将 μg 换算成 g 的除数。

样品含钾量等于 10g/kg 时，两次平行测定结果允许差为 0.5g/kg。

5.1.5　注意事项

注 1：土壤和 NaOH 的比例为 1∶8，当土样用量增加时，NaOH 用量也需相应增加。

注 2：熔块冷却后应凝结成淡蓝色或蓝绿色，如熔块呈棕黑色则表示还没有熔好，必须再熔一次。

注 3：如在熔块还未完全冷却时加水，可不必再在电炉上加热至 80℃，放置过夜自会溶解。

注 4：加入 H_2SO_4 的量视 NaOH 用量多少而定，目的是中和多余的 NaOH，使溶液呈酸性（酸的浓度约 0.15mol/L H_2SO_4）而硅得以沉淀下来。

5.2　土壤速效钾的测定：1mol/L NH_4OAc——火焰光度法

5.2.1　试剂配制

（1）1mol/L 中性 NH_4OAc（pH7）溶液：称取 77.09g 化学纯 CH_3COONH_4，加水稀释，定容至近 1L。用 HOAc 或 NH_4OH 调至 pH7.0，然后稀释至 1L。具体方法如下：取出 1mol/L NH_4OAc 溶液 50mL，用溴百里酚蓝作指示剂，以 1∶1NH_4OH 或稀 HOAc 调至绿色即为 pH7.0（也可以在酸度计上调节）。根据 50mL 所用 NH_4OH 或 HOAc 的毫升数，算出所配溶液大概需要量，最后调至 pH7.0。

（2）钾的标准溶液的配制[注1]：称取 KCl（二级，110℃烘干 2h）0.190 7g 溶于 1mol/L NH_4OAc 溶液中，定容至 1L，即为含 100μg/mL K 的 NH_4OAc 溶液。同时分别准确吸取此 100μg/mL K 的 NH_4OAc 标准溶液 0mL、2.5mL、5.0mL、10.0mL、15.0mL、20.0mL、40.0mL 放入 100mL 容量瓶中，用 1mol/L NH_4OAc 溶液定容，即得 0μg/mL、2.5μg/mL、5μg/mL、10μg/mL、15μg/mL、20μg/mL、40μg/mL K 标准系列溶液。

5.2.2　方法原理

以 NH_4OAc 作为浸提剂，与土壤胶体上阳离子起交换作用如下：

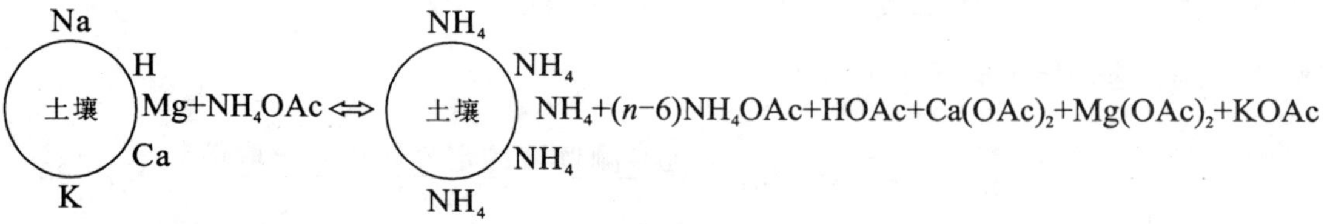

NH_4OAc 浸出液中 K^+ 用火焰光度计直接测定。为了抵消 NH_4OAc 的干扰影响，标准钾溶液也需要用 1mol/L NH_4OAc 配制。

5.2.3 实验步骤

称取通过1mm筛孔的风干土5.00g于100mL三角瓶或大试管中，加入1mol/L中性NH_4OAc(pH7)溶液50mL，塞紧橡皮塞，震荡30min，用干的普通定性滤纸过滤。

滤液盛于小三角瓶中，同钾标准系列溶液一起在火焰光度计上测定。记录其检流计上的读数，然后从标准曲线上求得其浓度。

标准曲线的绘制：将试剂(2)配制的钾标准系列溶液，以浓度最大的一个定到火焰光度计上检流计为满度(100)，然后从稀到浓依次进行测定，记录检流计的读数。以检流计读数为横坐标，钾(K)的浓度$\mu g/mL$为纵坐标，绘制标准曲线图。

5.2.4 结果计算

$$土壤速效钾(K,mg/kg)=待测液(\mu g/mL,K)\times\frac{V}{m}$$

式中：V——加入浸提剂毫升数；

m——烘干土样品的质量(g)。

5.2.5 注意事项

注1：含NH_4OAc的K标准溶液配置后不能放置过久，以免长霉，影响测定结果。

5.3 土壤有效钾的测定：冷2mol/L HNO_3——火焰光度法

5.3.1 试剂配制

(1) 2mol/L HNO_3浸提剂：取125mL浓硝酸(HNO_3，$\rho\approx1.42g/mL$，化学纯)，用水稀释至1L[注1]。

(2) K溶液的配制：将100$\mu g/mL$ K标准溶液，分别配制成2.5$\mu g/mL$、5$\mu g/mL$、10$\mu g/mL$、15$\mu g/mL$、20$\mu g/mL$、40$\mu g/mL$ K系列标准溶液。其中标准系列溶液中亦含有与待测液相同量的HNO_3，以抵消待测液中硝酸的影响。

5.3.2 方法原理

以冷的2mol/L HNO_3作为浸提剂与土壤(水土比为20∶1)震荡30min以后，溶液中钾直接用火焰光度计测定。本法所浸提的钾量大于速效钾，它包括速效钾和缓效钾中有效部分，故称之为土壤有效性钾。它的测定值能反映土壤的供钾状况，而且方法快速简单，容易掌握，重现性也好。

5.3.3　实验步骤

称取通过 1mm 筛孔的风干土样 2.500g 于硬质大试管中，加入 50mL 冷的 2mol/L HNO_3，加塞，在震荡机（往返式）上震荡 30min，立即用定量滤纸过滤，滤液盛于小三角瓶中，同钾标准系列溶液一起在火焰光度计上测定。记录检流计上的读数，然后从标准曲线上求得其浓度。

标准曲线的绘制：用钾标准系列溶液，以浓度最大的一个定到火焰光度计上检流计满度的 80%，对照调零，然后从稀到浓依次序进行测定，记录检流计的读数，以检流计读数为纵坐标，钾（K）的浓度 μg/mL 为纵坐标，绘制标准曲线图。

5.3.4　结果计算

$$\text{土壤有效钾含量(K,mg/kg)} = \text{待测液}(\mu g/mL, K) \times V/m$$

式中：V——加入浸提剂毫升数；

m——烘干土样品的质量(g)。

5.3.5　注意事项

注 1：市场供应的浓硝酸有时不足 16mol/L，为了配制成准确的 2mol/L HNO_3 溶液，宜先配成稍大于 2mol/L 的 HNO_3 溶液，取少量此溶液，进行标定，最后计算稀释成准确的 2mol/L HNO_3 溶液。

6 土壤硼的测定

6.1 土壤全硼的测定:碳酸钠熔融——甲亚胺比色法

6.1.1 试剂配制

(1) 无水碳酸钠(Na_2CO_3)(分析纯)。

(2) 1∶1HCl(优纯级)。

(3) 饱和 $BaCO_3$ 溶液。

(4) 甲亚胺制备:将 H 酸(1-氨基-8-萘酚-3,6-二磺酸)18g 溶于 1 000mL 水中,稍加热使之溶解完全。必要时过滤。用 100g/L KOH,同时加以搅拌使酸度为 pH1.5(试纸试之,约加 15mL 浓 HCl)直至黄色沉淀产生。小心加热(约 40℃)1h,并加以搅拌,放置 3～4d并间隙振荡。用平瓷漏斗过滤或离心,用无水乙醇洗涤沉淀 5～6 次,收集合成的甲亚胺在 100℃干燥 3h,冷却后,在玛瑙研钵中磨细,贮存于塑料瓶中配用。产品为橘黄色。

甲亚胺显色溶液:将甲亚胺 0.9g 和抗坏血酸 2g 溶于 60mL 去离子水中,在水浴中稍加热使溶解完全,稀释成 100mL,必要时过滤,贮存于塑料瓶中备用。最好新鲜配制,当时使用。若置于冰箱中约可保存 7d。

(5) 乙酸铵缓冲试剂:将 NH_4OAc(分析纯)250g 溶于 400mL 去离子水中,缓缓加入 125mL 冰乙醇(分析纯),混匀,贮于塑料瓶中。

(6) 硼(B)标准溶液:称取 H_3BO_3(优级纯)0.571 6g 溶于去离子水中,定容为 1L,将溶液移入干塑料瓶中保存。此即为 100μg/mL 标准硼(B)贮备溶液。用时再将其稀释 20 倍成 5μg/mL 的硼(B)标准工作溶液。

6.1.2 方法原理

土壤中大部分硼存在于电气石中。电气石是复杂的酸不溶性铝硅酸盐,而且析出的硼酸,如果在酸性条件下加热与水蒸气在一起挥发损失,所以土壤全硼测定的样品分解都采用碳酸钠碱融法,熔融物用 1∶1HCl 溶解,加饱和 $BaCO_3$ 溶液使溶液呈碱性,大量离子产生氢氧化物沉淀,分离除去干扰物质后用甲亚胺比色法测定。

甲亚胺(Azomethime-H)为 H 酸和水杨酸(C_6H_4OHCHO,O-羧基苯甲醛)的缩合物。

硼与甲亚胺在 pH5.1～5.8 的 NH_4OAc 缓冲溶液中，配合形成棕黄色配合物，它们的配合物比[M]/[R]＝1∶3(M 代表 B，R 代表甲亚胺)，配合稳定常数为 5.1×10^8。此法可以测定硼(B)0.05～1.0μg/mL，最大吸收峰在 410～420nm。根据实验对测定有影响的干扰离子有 F^-、Al^{3+}、Fe^{3+}、Cu^{2+}。当溶液中含有大于或等于 5 000mg/L F^-、3 000mg/L Al^{3+}、2 500mg/L Cu^{2+} 时，可以加入 EDTA 克服其干扰。因为 EDTA 与 Fe^{3+} 的配合物是黄色的。所幸的是溶液可先用饱和 $BaCO_3$ 溶液沉淀去除其干扰。该法的主要缺点是土壤或植物样本分解或提取溶液中可能存在的浅黄色会给测定结果带来误差。适宜的显色温度在 20～35℃范围内，一般控制在 23℃左右为宜，否则随着温度的升高吸光度显著减小。显色达到稳定所需的时间约 2h。本法可以在水溶液中显色，操作简单，准确、快速，测定的浓度范围广，更适用于自动化分析。目前已较广泛地应用于水、土壤和植物中硼的分析。

6.1.3 实验步骤

(1) 待测液的制备：称取通过 100 目筛子的风干或烘干土样 1.000 0g，放在铺有磨细碳酸钠的铂坩埚中，另用粗天平称取无水碳酸钠 4～8g(为样品质量的 8 倍，含 Fe、Al 多者应多加)，置于黑色油光纸上。将碳酸钠的 7/8 分为数次加入铂坩埚中，每次加入后用短小圆头玻璃棒小心搅拌，使样品与熔剂混合均匀，然后将坩埚在台面上轻弹几下，使坩埚内混合物压实。再用留下的 1/8 的碳酸钠擦洗玻棒，并平铺在坩埚混合物表面。若油光纸上有散失的粉末，一起倒入坩埚内，盖上坩埚盖。将坩埚放入高温电炉中，先在 500～600℃温度下加热约 10min，然后升温到 900～920℃熔融 30min，取出趁热观察，如果内容物成凹形，表面均匀一致，中间无气泡和不溶物，表示熔融完全。若有白色原状碳酸钠粉末或其他颗粒存在，或熔融物凹凸不平或出现小孔时都说明没有熔融完全，可继续熔融 15～20min，直至完全熔融。同时作空白试验。熔融后取出冷却，放在 250mL 石英(或聚四氟乙烯)烧杯中，加少量水于坩埚中，用表面皿盖在烧杯上，小心加 1∶1HCl 溶液溶解熔块，切忌加热，直至熔块完全溶解。取出并洗净坩埚，加饱和 $BaCO_3$ 溶液至产生棕红色沉淀为止[注1]，加热至微沸，用中密定量滤纸过滤。滤液收集在 200mL 的容量瓶中。用热水洗涤烧杯及沉淀，洗至总体积约 150mL，用水定容。

(2) 溶液中硼的测定：吸取待测液(B，2.5～20μg/mL)于 25mL 容量瓶中，加乙酸铵缓冲液 10mL 和甲亚胺显色液 5mL 混匀[注2]，用水稀释至刻度，摇匀。保持在 23℃左右 2h 后[注3]，在分光光度计上用 420nm 波长进行比色测定(4h 内颜色很稳定)。

标准曲线的制作：分别吸取 5μg/mL 的硼(B)标准工作溶液 0mL、0.25mL、0.50mL、0.1mL、1.5mL、2.0mL、2.5mL 置于 7 个 25mL 的容量瓶中，加乙酸铵缓冲溶液 10mL 摇匀，加甲亚胺显色液 5.00mL，混匀，加水至刻度，摇匀，即相当于 0μg/mL、0.05μg/mL、0.2μg/mL、0.3μg/mL、0.4μg/mL、0.5μg/mL 的系列硼标准溶液，保存在 23℃左右恒温箱中，2h 后在分光光度计上用 420nm 波长进行比色。

6.1.4　结果计算

$$土壤中全硼含量(B,mg/kg)=\frac{\rho \times V \times ts}{m}$$

式中：ρ——测定液中硼的质量浓度(μg/mL)；

V——显色液体积(mL)；

ts——分取倍数，熔块溶解后定容体积(mL)/比色时吸取待测定液体积(mL)；

m——烘干土样质量(g)。

6.1.5　注意事项

注 1：溶液中 Si、Fe、Al 等会影响甲亚胺与硼的显色，用 $BaCO_3$ 中和，使 Fe、Al 等呈氢氧化物而沉淀，硅形成硅酸钡沉淀而除去。

注 2：加甲亚胺试剂时必须尽量准确，因试剂本身颜色较深，影响吸光值。

注 3：避免甲亚胺试剂为光所分解，加显色剂后，宜放在暗处保存。实验室如果无空调设备，可将显好色的溶液置于 23℃恒温箱中显色 2h。

6.2　土壤有效硼的测定：沸水浸提——甲亚胺比色法

6.2.1　试剂配制

(1) 活性炭。处理同土壤有效磷($NaHCO_3$ 法)用活性炭相同。

(2) 1.0mol/L(1/2$CaCl_2$ · 2H_2O，分析纯)。

(3) 无水碳酸钠(Na_2CO_3，分析纯)。

(4) 1∶1HCl(优级纯)。

(5) 饱和 $BaCO_3$ 溶液。

(6) 甲亚胺制备：同 6.1.1。

(7) 乙酸铵缓冲试剂：同 6.1.1。

(8) 硼(B)标准溶液：同 6.1.1。

6.2.2　实验步骤

(1) 有效硼的提取：称取 1mm 筛风干土样 15.00g 置于 150mL 石英三角瓶中，加去离子水 30.0mL，连接回流冷凝器后，放在电热板上煮沸 5min(可先在电炉上加热煮沸后移至电热板上)，冷却，加 1mol/L(1/2$CaCl_2$)溶液 2～4 滴和一小匙活性炭(以加速澄清和除去有机质)，激烈摇动，并放置 5min 左右，用定量滤纸过滤入塑料容器中，滤纸必须清亮。

(2) 溶液中硼的测定：吸取滤液 10.0mL 置于 25mL 容量瓶中(也可用塑料瓶代替)，

准确加乙酸铵缓冲液10.0mL、甲亚胺显色溶液5.0mL，摇匀，置于暗处2h(显色过程中保温23℃)，在分光光度计上用420nm波长进行比色测定。

(3) 标准曲线的制作：分别吸取5μg/mL的硼(B)标准工作溶液0mL、0.25mL、0.50mL、1.0mL、1.5mL、2.0mL、2.5mL置于7个25mL的容量瓶中，加乙酸铵缓冲溶液10mL摇匀，加甲亚胺显色液5.00mL，混匀，加水至刻度，摇匀，即相当于0μg/mL、0.05μg/mL、0.2μg/mL、0.3μg/mL、0.4μg/mL、0.5μg/mL的系列硼标准溶液，保存在23℃左右恒温箱中，2h后在分光光度计上用420nm波长进行比色。

6.2.3 结果计算

$$\text{土壤中有效硼含量(B,mg/kg)}=\frac{\rho \times V \times ts}{m}$$

式中：ρ——测定液中硼的质量浓度(μg/mL)；

V——显色液体积(mL)；

ts——分取倍数，熔块溶解后定容体积(mL)/比色时吸取待测定液体积(mL)；

m——烘干土样质量(g)。

7　土壤铜、锌的测定

7.1　土壤全量铜、锌的测定:酸消煮——AAS 法

7.1.1　试剂配制

(1) 过氧化氢[$\omega(H_2O_2)\approx30\%$,分析纯]。

(2) 氢氟酸[$\omega(HF)\approx48\%$,分析纯]。

(3) 浓 HNO_3,优级纯。

(4) 浓 H_2SO_4,优级纯。

(5) 100 μg/mL Cu 标准溶液:溶解纯铜 0.100 0g 于 50mL 1∶1 HNO_3 溶液中,用去离子水稀释定容至 1L。

(6) Cu 标准系列溶液:将 100 μg/mL Cu 标准液用去离子水稀释 10 倍,即为 10mg/mL Cu 标准溶液。准确量取 10mg/L Cu 标准溶液 0mL、2mL、4mL、6mL、8mL、10mL、15mL、20mL 置于 100mL 容量瓶中,用去离子水定容,即得 0μg/mL、0.2μg/mL、0.4μg/mL、0.6μg/mL、0.8μg/mL、1.0μg/mL、1.5μg/mL、2.0 μg/mL 的 Cu 标准系列。

(7) 100 μg/mL Zn 标准溶液:溶解纯金属锌 0.100 0g 于 50mL 1∶1 HCl 溶液中,用去离子水稀释定容至 1L。

(8) 标准 Zn 系列溶液:将 100 μg/mL Zn 标准液用去离子水稀释 10 倍,即为 10 μg/mL Zn 标准溶液。准确量取 10 μg/mL Zn 标准液 0mL、2mL、4mL、6mL、8mL、10mL 置于 100mL 容量瓶中,用去离子水定容,即得 0μg/mL、0.2μg/mL、0.4μg/mL、0.6μg/mL、0.8μg/mL、1.0 μg/mL 的 Zn 标准系列。

7.1.2　方法原理

土壤样品必要时经 HNO_3(或 H_2O_2)预处理,除去碳酸盐或有机质,继用 H_2SO_4-HF 分解样品,破坏硅酸盐,再用 $HNO_3-H_2SO_4-HClO_4$ 溶解残留物,经定容稀释得到定量待测滤液。

原子吸收分光光度法是应用原子吸收光谱来进行分析的一种方法。当光源辐射出具有待测元素特征谱线的光通过试样所产生的原子蒸汽时,被蒸汽中待测元素的基态原子

所吸收，由辐射特征谱线的光被减弱的程度来测定试样中该元素含量。

7.1.3 实验步骤注1

称取0.500 0～1.000 0g通过100目筛的土样(风干或经105℃烘干)置于50mL四聚氟乙烯试管(或烧杯)中。如果样品是石灰性土壤，加水25mL和浓HNO_3溶液2mL，置于水浴上蒸干，以除去碳酸盐；泥炭或腐殖土，加10mL H_2O_2在90℃水浴上蒸发至近干，重复用H_2O_2处理，直至不发生大量泡沫为止，以除去有机质注2。加3滴浓H_2SO_4和10mL HF放在铝块孔穴中注3或砂浴上，逐渐升高温度至200℃，蒸发溶液至干。用H_2SO_4－HF重复处理一次。加15mL浓HNO_3、2mL浓H_2SO_4和5mL $HClO_4$，继续加热至白烟产生为止。冷却，用水25mL洗涤容器内壁，用聚丙烯棒搅拌，使Cu、Zn等都溶于溶液中，将溶液移入50mL的容量瓶中，用去离子水定容。在样品消化的同时，作空白试验。

待测溶液、空白消化溶液和标准系列溶液用原子吸收光谱法测定铜、锌。仪器操作参数的选择参考表1－2。

表1－2 原子吸收光谱法测定铜锌的操作参数*

参数名称	铜(Cu)	锌(Zn)
最适的浓度范围(μg/mL)	0.2～10	0.05～2
灵敏度(μg/mL)	0.1	0.02
检测限(μg/mL)	0.001	0.001
波长(nm)	324.7	213.8
空气一乙炔火焰条件	氧化型	氧化型

*其他条件参照仪器说明。

标准曲线的制作：用与样品测定同样的操作参数，将Cu、Zn标准系列溶液在原子吸收光谱仪上测定其吸收值(A)，制作浓度(μg/mL)-吸收值(A)标准曲线或求得直线回归方程。

7.1.4 结果计算

$$土壤全Cu(或Zn)含量(mg/kg)=(\rho-\rho_0)\cdot V/m$$

式中：ρ——标准曲线查得待测液中Cu或Zn的质量浓度(μg/mL)；

ρ_0——标准曲线查得空白消化液Cu或Zn的质量浓度(μg/mL)；

V——消化后定容体积(mL)；

m——烘干土的质量(g)。

7.1.5 注意事项

注1：锌无处不在，样品分解过程中要特别注意容器、试剂不要被污染。

注 2：对于有机质含量不高的土壤，可不必用 H_2O_2 处理。

注 3：在铝块加热器的试管孔中，插一个温度计，外接继电器控制温度，方便加热。

7.2　土壤有效铜、锌的测定

7.2.1　中性和石灰性土壤有效铜、锌的测定：DTPA－TEA 浸提——AAS 法

1）试剂配制

(1) DTPA 提取剂(其成分为：0.005mol/L DTPA－0.01mol/L $CaCl_2$－0.1mol/L TEA，pH＝7.3)。称取 1.967g DTPA(二乙基三胺五乙酸，$C_{14}H_{23}N_3O_{10}$，分析纯)置于 1L 容量瓶中，加 14.992g TEA(三乙醇胺 $C_6H_{15}O_3N$)，用去离子水溶解，并稀释至 950mL。再加 $CaCl_2 \cdot 2H_2O$1.47g，使其溶解。在 pH 计上用 6mol/L HCl 调节至 pH 值为 7.30(每升提取液约需要加 8.5mL6mol/L HCl)，最后用去离子水定容，贮存于塑料瓶中。

(2) Zn 的标准溶液：100 μg/mL 和 10 μg/mL Zn。

①100 μg/mL Zn 标准溶液：溶解纯金属锌 0.100 0g 于 50mL 1：1 HCl 溶液中，用去离子水稀释定容至 1L。

②标准 Zn 系列溶液：将 100 μg/mL Zn 标准液用 DTPA 稀释 10 倍，即为 10 μg/mLZn 标准溶液。准确量取 10 μg/mL Zn 标准液 0mL、2mL、4mL、6mL、8mL、10mL 置于 100mL 容量瓶中，用去离子水定容，即得 0μg/mL、0.2μg/mL、0.4μg/mL、0.6μg/mL、0.8μg/mL、1.0 μg/mL 的 Zn 标准系列。

(3) Cu 的标准溶液：100 μg/mL 和 10 μg/mL Cu。

①100 μg/mL Cu 标准溶液：溶解纯铜 0.100 0g 于 50mL 1：1 HNO_3 溶液中，用去离子水稀释定容至 1L。

②Cu 标准系列溶液：将 100 μg/mL Cu 标准液用 DTPA 稀释 10 倍，即为 10 μg/mL Cu 标准溶液。准确量取 10 μg/mL Cu 标准溶液 0mL、2mL、4mL、6mL、8mL、10mL、15mL、20mL 置于 100mL 容量瓶中，用去离子水定容，即得 0μg/mL、0.2μg/mL、0.4μg/mL、0.6μg/mL、0.8μg/mL、1.0μg/mL、1.5μg/mL、2.0 μg/mL Cu 标准系列。

2）方法原理

DTPA 是金属螯合剂，它可以与很多金属离子(Zn、Fe、Mn、Cu)螯合，形成的螯合物具有很高的稳定性，从而减小了溶液中金属离子的活度，使土壤固相表面结合的金属离子解吸而补充到溶液中，因此在溶液中积累的螯合金属离子的量是土壤溶液中金属离子的活度(强度因素)和这些离子由土壤固相解吸补充到溶液中去的量(容量因素)的总和，这两种因素对测定土壤养分的植物有效性是十分重要的。

3）实验步骤

称取通过 1mm 筛的风干土 25.00g 放入 100mL 塑料广口瓶中，加 DTPA 提取剂

50.0mL,25℃振荡2h,过滤。滤液、空白溶液和标准溶液中的Zn、Cu用原子吸收分光光度计测定。

标准曲线的制作:用与样品测定同样的操作参数,将Cu、Zn标准系列溶液在原子吸收光谱仪上测定其吸收值(A),制作浓度(ug/mL)-吸收值(A)标准曲线或求得直线回归方程。

4) 结果计算

$$土壤有效铜(或锌)含量(mg/kg)=\rho \cdot V/m$$

式中:ρ——标准曲线查得待测液中铜或锌的质量浓度(μg/mL);

V——DTPA浸提剂的体积(mL);

m——称取土壤样品的质量(g)。

7.2.2 中性和酸性土壤有效铜、锌的测定:0.1mol/L HCl浸提——AAS法

1) 试剂配制

(1) 0.1mol/L盐酸(HCl,优级纯)溶液。

(2) Zn的标准溶液:100 μg/mL和10 μg/mL Zn。

①100 μg/mL Zn标准溶液:溶解纯金属锌0.100 0g于1∶1 HCl 50mL溶液中,用去离子水稀释定容至1L。

②标准Zn系列溶液:将100 μg/mL Zn标准液用0.1mol/L HCl稀释10倍,即为10 μg/mL Zn标准溶液。准确量取10 μg/mL Zn标准液0mL、2mL、4mL、6mL、8mL、10mL置于100mL容量瓶中,用去离子水定容,即得0μg/mL、0.2μg/mL、0.4μg/mL、0.6μg/mL、0.8μg/mL、1.0 μg/mL的Zn标准系列。

(3) Cu的标准溶液:100μg/mL和10μg/mL Cu。

①100 μg/mL Cu标准溶液:溶解纯铜0.100 0g于1∶1 HNO_3 50mL溶液中,用去离子水稀释定容至1L。

②Cu标准系列溶液:将100 μg/mL Cu标准液用0.1mol/L HCl稀释10倍,即为10 μg/mL Cu标准溶液。准确量取10 μg/mL Cu标准溶液0mL、2mL、4mL、6mL、8mL、10mL、15mL、20mL置于100mL容量瓶中,用去离子水定容,即得0μg/mL、0.2μg/mL、0.4μg/mL、0.6μg/mL、0.8μg/mL、1.0μg/mL、1.5μg/mL、2.0 μg/mL Cu标准系列。

2) 方法原理

0.1mol/L HCl浸提土壤有效Zn、Cu,不但包括了土壤水溶态和代换态的Zn、Cu,还能释放酸溶性化合物中的Zn、Cu,后者对植物的有效性则较低。本法适用于中性和酸性土壤。浸提液中的Zn、Cu可直接用原子吸收分光光度法测定。

3) 实验步骤

称取通过1mm筛的风干土10.00g放入100mL塑料广口瓶中,加50.0mL 0.1mol/L

HCl，25℃振荡1.5h，过滤。滤液、空白溶液和标准溶液中的Zn、Cu用原子吸收分光光度计测定。

标准曲线的制作：用与样品测定同样的操作参数，将Cu、Zn标准系列溶液在原子吸收光谱仪上测定其吸收值(A)，制作浓度(μg/mL)-吸收值(A)标准曲线或求得直线回归方程。

4) 结果计算

$$土壤有效铜(或锌)含量(mg/kg)=\rho \cdot V/m$$

式中：ρ——标准曲线查得待测液中铜或锌的质量浓度(μg/mL)；

V——DTPA浸提剂的体积(mL)；

m——称取土壤样品的质量(g)。

8 土壤锰的测定

8.1 土壤交换性锰的测定：1mol/L NH_4OAc 浸提——AAS 法

8.1.1 试剂配制

(1) 1mol/L NH_4OAc 溶液(pH7)：称取 NH_4OAc(分析纯)77.1g 溶于 900mL 水中，用 3mol/L HOAc 或 3mol/L NH_4OAc 在 pH 计调节至 pH 值为 7.00±0.05，然后用去离子水稀释至 1L。

(2) 10 μg/mL Mn 标准溶液：称取无水 $MnSO_4$(优级纯)0.274 9g 溶于少量水，加浓 H_2SO_4 1mL，用水定容至 1L，此为 100 μg/mL Mn 标准溶液。用水稀释 10 倍，成为 10 μg/mL Mn 标准溶液(无水 $MnSO_4$ 按照下法制得：将 $MnSO_4 \cdot 7H_2O$ 于 150℃烘干，移入高温电炉中于 400℃灼烧 6h)。

8.1.2 方法原理

用 1mol/L NH_4OAc(pH7)溶液浸提土壤交换态锰，得到的待测溶液用原子吸收分光光度计直接测定溶液中的锰。

测定锰的原子吸收分光光度法的仪器工作参数为：波长，279.5nm；火焰，空气/乙炔(氧化型)；检测限 0.022mg/mL。

8.1.3 实验步骤

(1) 称取新鲜土样 10.0g(土壤样品应事先捣碎，并且尽可能混匀，另称取一份新鲜土样测定土壤水分，以便计算相当于 10g 新鲜土的干土质量)，装入 250mL 三角瓶中，加 1mol/L 中性 NH_4OAc 溶液 100mL，加塞。在往复振荡机上振荡 0.5h，放置 6h，并时加摇动。离心或过滤。

(2) 标准曲线的制作：取 10 μg/mLMn 标准溶液，制备成 0.05～5 μg/mL Mn 系列标准溶液，用 1mol/L NH_4OAc 溶液稀释。与样品测定的同时，在相同仪器参数操作条件下，将锰标准系列溶液在原子吸收分光光度计上测定其吸收值，绘制标准曲线。

8.1.4 结果计算

$$土壤交换性锰(Mn)含量(mg/kg)=\rho \cdot V/(m \cdot k)$$

式中：ρ——标准曲线查得锰的质量浓度(μg/mL)；

V——浸提液的体积(mL)；

m——土样质量(g)；

k——水分系数。

8.2 土壤易还原性锰的测定

8.2.1 试剂配制

(1) 1mol/L NH_4OAc＋2g/L 对苯二酚溶液：在使用前，每 1mol/L 中性 NH_4OAc 1 000mL溶液中加入对苯二酚(分析纯)2g。

(2) 1mol/L NH_4OAc(pH7)溶液：同 8.1.1。

(3) 浓 HNO_3(分析纯)。

(4) 过氧化氢[$\omega(H_2O_2)=30\%$，分析纯]。

(5) 浓磷酸[$\omega(H_3PO_4)=85\%$，分析纯]。

(6) KIO_4(分析纯)。

(7) 10 μg/mL Mn 标准溶液：同 8.1.1。

8.2.2 方法原理

易还原性锰指对植物可能有效的部分高价锰的氧化物，主要是三、四价锰的氧化物，晶形小且结晶程度低，所以其活性较其他形态的氧化锰大，在土壤中与二价锰保持平衡。易还原锰的浸提剂常用 1mol/L NH_4OAc＋2g/L 对苯二酚，其中对苯二酚为还原剂，与高价锰的氧化物的反应如下：

$$MnO_2+C_6H_4(OH)_2+2H^+ = Mn^{2+}+C_6H_4O_2+2H_2O$$

$$Mn_2O_3+C_6H_4(OH)_2+4H^+ = 2Mn^{2+}+C_6H_4O_2+3H_2O$$

在待测液中的易还原性锰可以用比色法或 AAS 法测定。用比色法测定锰时，溶液中剩余的对苯二酚及乙酸铵等还原性物质在测定前必须加以破坏。用 AAS 法测定时，则可以用土壤浸出液直接测定，并无干扰。

将测定过交换性锰的残余土壤，再用 1mol/L NH_4OAc＋2g/L 对苯二酚溶液进行浸提；也可以用原始土样直接用 1mol/L NH_4OAc＋2g/L 对苯二酚溶液浸提，从测定结果中减去交换性锰的量即为易还原性锰的量。

8.2.3 实验步骤

称取10g新鲜土样放在塑料瓶中[注1]，加1mol/L NH_4OAc＋2g/L对苯二酚溶液100mL，在往复振荡机上振荡0.5h，放置6h，并时加摇动，离心分离或过滤。

吸取清的滤液10～20mL(100～300mg Mn)于100mL烧杯中，在电热板上蒸干。待NH_4OAc烟雾不再发生为止，取下烧杯，冷却，加5mL浓HNO_3和2mL 30% H_2O_2，加盖表面皿后水浴上加热30min，以氧化有机质[注2]，然后取下表面皿蒸发溶液至干。加水20mL[注3]，2mL浓HNO_3，2mL浓H_3PO_4和0.3g KIO_4，加盖，再在电热板上加热近沸至紫色出现，再加水至约40mL，继续加热保持30min(水体积因蒸发减少，可补充加水至约40mL)。使显色完全，通过小漏斗倒入50mL容量瓶中，并且用少量的水洗净烧杯，冷却后定容，用540nm的波长进行比色测定其吸收值。由标准曲线查得显色液中Mn浓度。

8.2.4 结果计算

$$土壤交换性锰(Mn)含量(mg/kg)=\rho \cdot V \cdot ts/(m \cdot k)$$

式中：ρ——标准曲线查得锰的质量浓度(μg/mL)；

V——显色液体积(mL)；

ts——浸提时所用浸提剂体积(mL)/测定时吸取浸提液体积(mL)；

m——土样质量(g)；

k——水分系数。

8.2.5 注意事项

注1:如果另称土样直接用1mol/L NH_4OAc＋2g/L对苯二酚浸提时，需要从测定结果中减去交换性锰，才为易还原性锰的含量。

注2:本法显色液中，必须除去所有还原性物质，如氯离子、土壤中的有机物质、浸提液中NH_4OAc等。

注3:显色时酸度须在2～3mol/L(H^+)之间，故此溶液显色时，必须事先加一定量的水，以免酸度过高。

9 土壤中钼的测定

9.1 土壤全钼的测定：$HClO_4$ - HNO_3 消煮——催化极谱法

9.1.1 试剂配制

(1) 1mol/L H_2SO_4（优级纯）溶液。

(2) 高氯酸（$HClO_4$，优级纯，ρ=1.60g/mL）。

(3) 硝酸（HNO_3，优级纯，ρ=1.42g/mL）。

(4) 0.4mol/L 苯羟乙酸[苦杏仁酸，$C_6H_5CH(OH)COOH$，分析纯]。

(5) 500g/L 氯酸钠（$NaClO_3$，分析纯）溶液。

(6) 732* 强酸性阳离子交换树脂：新树脂需经活化后使用，使用过的树脂经再生处理后可继续使用。再生时先用 2mol/L NaOH 溶液处理，用水洗去碱后，再用 2mol/L HCl 处理，用水洗尽酸，沥干后备用。

(7) 标准 Mo 溶液：称取 0.150 0g 氧化钼（MoO_3，优级纯）溶解于 0.1mol/L NaOH 溶液 10mL 中，加盐酸使其呈微酸性，用去离子水稀释定容至 1L。此即为 100mol/L Mo 标准溶液。吸取该溶液 10.00mL 定容至 1L，即为 1 μg/mL 的 Mo 标准溶液。

9.1.2 方法原理

测定土壤样品全钼的分解方法，可以用碳酸钠碱熔融法或酸溶法（如 HF - $HClO_4$ 法，HF - HCl 法和 $HClO_4$ - HNO_3 法等）。消煮分解后的溶液经过滤，滤液蒸干除去 HNO_3、$HClO_4$后，用催化极谱法测定溶液中的钼。

在氯酸盐、羟基酸存在时，钼产生催化波的机理是：在硫酸-苦杏仁酸（苯羟乙酸）体系中，钼与苦杏仁酸形成的配合物强烈地被吸附于电极表面，产生电极反应，六价钼被还原成五价钼，与此同时，在溶液中产生化学反应，五价钼被氧化为六价钼，反应式如下：

$$Mo^{6+}\text{-苦杏仁酸} + e = Mo^{5+}\text{-苦杏仁酸} \qquad (1)$$

$$6Mo^{5+}\text{-苦杏仁酸} + ClO_3^- + 6H^+ = 6Mo^{6+}\text{-苦杏仁酸} + Cl^- + 3H_2O \qquad (2)$$

反应式(1) 和反应式(2) 反复进行，其中 Mo^{5+} 为催化体，整个反应的结果是 Mo^{6+} 从反应(2)中不断得到补充，Mo^{6+}的实际浓度并没有变化，消耗的物质是ClO_3^-。所以极限催化电流比Mo^{6+}的极限扩散电流高得多，催化电流约为扩散电流的$1.5\times10^3\sim3.0\times10^4$倍，使钼的检测下限达到0.06 μg/L左右，而且干扰元素少，又不需要除氧，故该法为钼测定方法中最灵敏的方法。

钼催化极谱的测定条件：在0.25mol/L H_2SO_4、0.1mol/L苦杏仁酸、250g/L $NaClO_3$中，其测定的灵敏度最高。钼的起波电位−0.1V，峰值电位−0.22V。由于温度对钼的催化电流影响较大，作极谱图时应在恒温条件下或在相同温度下进行。铁锰含量较高时影响钼的催化极谱法测定，当铁和锰的含量分别高于钼的含量15 000倍和2 000倍时，钼的催化波明显增高。因此对于铁锰含量高的样品，必须排除其干扰。

9.1.3 实验步骤

(1) 称取通过100筛的风干或经105℃烘干土样1.000 0g置于100mL硬质烧杯中，加20mL浓HNO_3，在电热板上低温加热氧化有机质。再加10mL $HClO_4$，继续加热直到冒大量白烟和有机物的颜色消失为止。全部消煮过程大约需要1h。所得的溶液应该为无色，残渣为浅灰色，同时作空白试验。加水15mL溶解残渣，过滤，滤液收集在150mL的硬质烧杯中，用6mol/L HCl洗残渣3次，每次用10～15mL，最后用水洗3次。

(2) 将滤液放在电热水浴锅上蒸发至干，加6mol/L HCl溶液1mL溶解残渣，在电热板上低温蒸干，加0.3mol/L HCl溶液10mL和732* 阳离子交换树脂1g，摇动数次，放置过夜[注1]，次日将清液倾至另一只50mL硬质烧杯中，用0.3mol/L HCl溶液3～5mL清洗树脂，洗涤液并入烧杯中，如此洗涤7～8次，将烧杯中溶液在电热板上低温蒸干，依次加入1mol/L H_2SO_4 2.5mL，0.4mol/L苯羟乙酸溶液2.5mL，500g/L $NaClO_3$溶液5mL溶解残渣，30min后移入电解杯中，在极谱仪上从−0.1V开始记录钼的极谱波[注2]，测量峰后波的波高。依据标准曲线计算样品钼的含量。

(3) 标准曲线的制作：将1 μg/mL Mo标准溶液用去离子水稀释成0.02 μg/mL Mo标准溶液。分别吸取含0μg、0.04μg、0.08μg、0.16μg、0.24 μg Mo标准溶液于6个50mL硬质烧杯中，加1∶1HCl溶液1mL，在电炉上低温蒸干，加0.3mol/L HCl溶液10mL和732* 阳离子交换树脂1g。以下同待测液一样处理。处理好的溶液，在与待测液相同条件下，于极谱仪上测定钼的极谱波，测量峰后波的波高，作钼的质量-峰后波高度的标准曲线。

9.1.4 结果计算

$$土壤全钼(Mo)含量(mg/kg)=\rho/m$$

式中：ρ——标准曲线查得钼的质量(μg)；

m——土样质量(g)。

9.1.5 注意事项

注 1:用阳离子交换树脂分离锰时,盐酸的浓度应保持为 0.3mol/L;树脂的用量也要控制在 1g(干树脂)左右。标准溶液必须同样用树脂处理。

注 2:极谱催化波受温度的影响比较大,温度系数为 4.4%/度,因此极谱测定应在同一温度下进行。

9.2 土壤有效钼的测定:草酸-草酸铵浸提——催化极谱法

9.2.1 试剂配制

(1) 0.4mol/L 苯羟乙酸[苦杏仁酸,$C_6H_5CH(OH)COOH$,分析纯]。

(2) 500g/L 氯酸钠($NaClO_3$,分析纯)溶液。

(3) 草酸-草酸铵浸提剂:草酸铵[$(NH_4)_2C_2O_4 \cdot H_2O$,分析纯]24.9g 与草酸($H_2C_2O_4 \cdot 2H_2O$,分析纯)12.6g 溶于去离子水中,定容为 1L。酸度应为 pH3.3,必要时在定容前用 pH 计校正。试剂中应不含钼。

(4) 732* 强酸性阳离子交换树脂:同 9.2.1。

(5) 标准 Mo 溶液:同 9.2.1。

9.2.2 方法原理

pH3.3 的草酸-草酸铵溶液具备了弱酸性、还原性、阴离子的代换作用和配合作用,能浸提水溶性的、交换态的钼和溶解相当数量的铁、铝氧化物中的钼。浸提的溶液经除去草酸盐和干扰离子后,用催化极谱法测定溶液中的钼。此法优点是灵敏度高,且容易掌握。当样品中铁锰的含量高时,干扰钼的测定,可以用阳离子交换树脂除去铁和锰后用本法测定。活性铁锰含量低的土壤(如石灰性土壤)则破坏草酸盐和有机质后,不经分离铁锰,可直接用本法测定。

9.2.3 实验步骤

(1) 土壤有效钼的浸提:称取通过 1mm 尼龙筛的风干土壤 5.00g,置于 100mL 塑料瓶中,加草酸-草酸铵浸提剂 50mL。塞严瓶塞后在往复振荡机上振荡 8h 或过夜。过滤(滤纸事先用 6mol/L HCl 洗净),弃去最初 5～10mL 滤液。

(2) 土壤有效钼的测定:吸取滤液(含 0.02～0.24 μg Mo)5～10mL,置于 50mL 硬质烧杯中,在电热板上低温蒸干注1。移入高温电炉中,在 450℃下灼烧 4h,冷却。

石灰性土壤或有机质少的砂质土壤的浸出液蒸干后灼烧成灰白色或灰黄色时,可以不经分离铁锰,直接加 2.5mL1mol/L H_2SO_4,0.4mol/L 苯羟乙酸溶液 2.5mL 和 500g/L

$NaClO_3$ 溶液 5.0mL 溶解残渣。30min 后移入电解杯中，在极谱仪上从 -0.1V 开始记录钼的极谱波。测量峰后波的波高，依据标准曲线计算样品钼的含量。

酸性土壤或浸出液中铁锰含量高的土壤样品，需要分离铁锰后测定。将滤液放在电热水浴锅上蒸发至干，加 6mol/L HCl 溶液 1mL 溶解残渣，在电热板上低温蒸干，加 0.3mol/L HCl 溶液 10mL 和 732* 阳离子交换树脂 1g，摇动数次，放置过夜，次日将清液倾至另一只 50mL 硬质烧杯中，用 0.3mol/L HCl 溶液 3～5mL 清洗树脂，洗涤液并入烧杯中，如此洗涤 7～8 次，将烧杯中溶液在电热板上低温蒸干，依次加入 2.5mL 1mol/L H_2SO_4，0.4mol/L 苯羟乙酸溶液 2.5mL，500g/L $NaClO_3$ 溶液 5mL 溶解残渣，30min 后移入电解杯中，在极谱仪上从 -0.1V 开始记录钼的极谱波，测量峰后波的波高。依据标准曲线计算样品钼的含量。

(3) 标准曲线的制作：同 9.1.3。

9.2.4 结果计算

$$土壤有效钼(Mo)^{注2}(mg/kg) = \rho \cdot ts/m$$

式中：ρ——标准曲线查得 Mo 的质量(μg/mL)；

ts——分取倍数，浸提时所用浸提液的体积(mL)/测定时吸取浸提液的体积(mL)；

m——土样质量(g)。

9.2.5 注意事项

注 1：溶液在蒸干过程中要防止溅出，特别是浓度愈高，溅出的危险愈大。所以最后应在水浴上蒸干。放在高温电炉之前，残渣必须完全蒸干，否则在高温灼烧时有溅出的危险。

注 2：土壤中钼的有效性受 pH 值的影响较大，pH 值升高(4.7～7.5 范围)则钼的有效性增加，所以也有人用钼值[pH+有效钼含量(mg/kg)×10]来表示。当钼值小于 6.2 时，土壤中缺乏钼；钼值为 6.2～8.2 时，土壤中钼供应中等；钼值大于 8.2 时，土壤中钼供应充足。应用钼的临界指标时还应考虑土壤中其他离子如 Ca^{2+}、PO_4^{3-} 和 SO_4^{2-} 的量，因为钙、磷促进植物对钼的吸收，而硫却抑制植物对钼的吸收。

第 二 篇

土壤化学环境的测定

10　土壤交换性及阳离子组成的测定

10.1　酸性和中性土壤阳离子交换量的测定：1mol/L NH_4OAc 交换法

10.1.1　试剂配制

(1) 1mol/L NH_4OAc 溶液(pH7.0)：称取 NH_4OAc(CH_3COONH_4，化学纯)77.09g 用水溶解，稀释至近 1L。如 pH 不为 7.0，则用 1∶1 氨水或稀乙酸调至 pH7.0，然后稀释至 1L。

(2) 950mL/L 乙醇溶液(化学纯)。

(3) 液体石蜡(化学纯)。

(4) 甲基红-溴甲酚绿混合指示剂：称取 0.099g 溴甲酚绿和 0.066g 甲基红于玛瑙研钵中，加少量 950mL/L 乙醇，研磨至指示剂完全溶解为止，最后加 950mL/L 至 100mL。

(5) 20g/L 硼酸-指示剂溶液：称取 20g 硼酸(H_3BO_3，化学纯)，溶于 1L 水中。每升硼酸溶液中加入甲基红-溴甲酚绿混合指示剂 20mL，并用稀酸或稀碱调节至紫红色(葡萄酒色)，pH4.5。

(6) 0.05mol/L 盐酸标准溶液：每升水中注入浓盐酸 4.5mL，充分混匀，用硼砂标定。标定剂硼砂($Na_2B_4O_7 \cdot 10H_2O$，分析纯)必须保存于相对湿度 60%～70%的空气中，以确保硼砂含 10 个结合水，通常可在干燥器的底部放置氯化钠和蔗糖的饱和溶液(并有二者的固体存在)。称取 2.382 5g 硼砂溶于水中，定容至 250mL，得 0.05mol/L($1/2Na_2B_4O_7$)标准溶液。吸取上述溶液 25.00mL 于锥形瓶中，加 2 滴溴甲酚绿-甲基红指示剂(或 0.2%甲基红指示剂)，用配好的 0.05mol/L 盐酸溶液滴定至溶液变酒红色为终点(甲基红的终点为由黄突变为红色)。同时作空白试验。盐酸标准溶液的浓度按下式计算，取 3 次标定结果的平均值。

$$c_1=\frac{c_2 \times V_2}{V_1 - V_0}$$

式中：c_1——盐酸标准溶液的浓度(mol/L)；

V_1——盐酸标准溶液的体积(mL)；

V_0——空白试验用去盐酸标准溶液的体积(mL)；

c_2——$(1/2Na_2B_4O_7)$标准溶液的浓度(mol/L)；

V_2——用去$(1/2Na_2B_4O_7)$标准溶液的体积(mL)。

(7) pH＝10 缓冲溶液：称取 67.5g 氯化铵溶于无二氧化碳的水中，加入 570mL 新开瓶的浓氨水(ρ=0.9g/L，含氨 25%)，用水稀释至 1L，贮于塑料瓶中，并注意防止吸收空气中的二氧化碳。

(8) K-B 指示剂：称取 0.5g 酸性铬蓝 K 和 1.0g 萘酚绿 B，与 105℃烘干的氯化钠 100g 一同研细磨匀，越细越好，贮于棕色瓶中。

(9) 固体氯化镁：将氯化镁放在镍蒸发皿或坩埚内，在 500～600℃高温电炉中灼烧 30min，冷却后贮藏在密闭的玻璃器皿内。

(10) 纳氏试剂：称取氢氧化钾 134g 溶于 460mL 水中。另称 20g 碘化钾(KI，分析纯)溶于 50mL 水中，加入大约 3g 碘化汞(HgI_2，分析纯)，使溶解至饱和状态。然后将两溶液混合即成。

10.1.2　测定原理

用 1mol/L NH_4OAc 溶液(pH7.0)反复处理土壤，使土壤成为 NH_4^+ 饱和土。用 950mL/L 乙醇洗去多余的 NH_4OAc 后，用水将土壤洗入凯氏瓶中，加固体氧化镁蒸馏。蒸馏出的氨用硼酸溶液吸收，然后用盐酸标准溶液滴定。根据 NH_4^+ 的量计算土壤阳离子交换量。

10.1.3　测定步骤

(1) 称取通过 0.25mm 筛孔的风干土样 2.00g，质地较轻的土壤称 5.00g，放入 100mL 离心管中，沿离心管壁加入少量 1mol/L NH_4OAc 溶液，用橡皮头玻璃棒搅拌土样，使其成为均匀的泥浆状态。再加 1mol/L NH_4OAc 溶液至总体积约 60mL，并充分搅拌均匀，然后用 1mol/L NH_4OAc 溶液洗净橡皮头玻璃棒，溶液收入离心管内。

(2) 将离心管成对放在粗天平的两盘上，用 NH_4OAc 溶液使之质量平衡。平衡好的离心管对称地放在离心机中[注1]，离心 3～5min，转速 3 000～4 000r/min，如不测定交换性盐基，离心后的清液即弃去，如需测定交换性盐基时，每次离心后的清液收集在 250mL 容量瓶中，如此用 1mol/L NH_4OAc 溶液处理 3～5 次，直到最后浸出液中无钙离子反应为止[注2]。最后用 1mol/L NH_4OAc 溶液定容，留着测定交换性盐基。

(3) 往载土的离心管中加少量 950mL/L 乙醇，用橡皮头玻璃棒搅拌土样，使之成为泥浆状态，再加 950mL/L 乙醇约 60mL，用橡皮头玻璃棒充分搅匀，以便洗去土粒表面多余的 NH_4OAc，切不可有小土团存在[注3]。然后将离心管成对放在粗天平的两盘上，用 950mL/L 乙醇溶液使之质量平衡，并对称放入离心机中，离心 3～5min，转速 3 000～4 000r/min，弃去酒精溶液。如此反复用酒精清洗 3～4 次，直至最后 1 次乙醇溶液中无铵离子为止，用纳氏试剂检查铵离子。

(4) 洗净多余的铵离子后，用水冲洗离心管的外壁，往离心管内加少量水，并搅拌成糊状，用水把泥浆洗入 150mL 凯氏瓶中，并用橡皮头玻璃棒擦洗离心管的内壁，使全部土样转入凯氏瓶中，洗入水的体积应控制在 50～80mL。蒸馏前往凯氏瓶内加入 2mL 液体石蜡和 1g 氧化镁，立即把凯氏瓶装在蒸馏装置上。

(5) 将盛有 20g/L 硼酸指示剂吸收液 25mL 的锥形瓶(250mL)，放置在用缓冲管连接的冷凝管的下端。打开螺丝夹(蒸汽发生器内的水要先加热至沸)，通入蒸汽，随后摇动凯氏瓶内容物使其混合均匀。打开凯氏瓶下的电炉电源，接通冷凝系统的流水。用螺丝夹调节蒸汽流速度，使其一致，蒸馏约 20min，馏出液约达 80mL 以后，应检查蒸馏是否完全。

检查方法：取下缓冲管，在冷凝管下端取几滴馏出液于白瓷比色板的凹孔中，立即往馏出液内加 1 滴甲基红-溴甲酚绿混合指示剂，呈紫色，则示氨已蒸发完，蓝色需继续蒸馏(如加滴纳氏试剂，无黄色反应，即表示蒸馏完全)。

(6) 将缓冲管连同锥形瓶内的吸收液一起取下，用水冲洗缓冲管的内外壁(洗入锥形瓶内)，然后用盐酸标准溶液滴定。同时作空白试验。

10.1.4 结果计算

$$Q^{+}=\frac{c\times(V-V_0)}{m_1}\times 100$$

式中：Q^{+}——阳离子交换量(cmol/kg)；

c——盐酸标准溶液的浓度(mol/L)；

V——盐酸标准溶液的用量(mL)；

V_0——空白试验盐酸标准溶液的用量(mL)；

m_1——烘干土样的质量(g)。

10.1.5 注意事项

注 1：如无离心机也可以改用淋洗法。

注 2：检查钙离子的方法为，取最后 1 次 NH_4OAc 浸出液 5mL 放在试管中，加 pH 值为 10 的缓冲液 1mL，加少许 K-B 指示剂。如溶液呈蓝色，表示无钙离子；如呈紫红色，表示有钙离子，还要用 NH_4OAc 继续浸提。

注 3：用少量乙醇冲洗并回收橡皮头玻璃棒上黏附的黏粒。

10.2 酸性和中性土壤交换性盐基总量的测定：中和滴定法

10.2.1 试剂配制

(1) 1.0g/L 甲基红指示剂。

(2) 0.05mol/L 氢氧化钠标准溶液：称取氢氧化钠 2.0g 用无二氧化碳的水定容至 1L，摇匀过夜。用邻苯二甲酸氢钾标定。

称取经 110℃烘干的 2.552 8g 邻苯二甲酸氢钾（$KHC_8H_4O_4$，分析纯）溶于水，定容至 250mL 得 0.050 0mol/L 的邻苯二甲酸氢钾标准溶液。吸取该溶液 25mL 于 150mL 锥形瓶中，加入 5g/L 酚酞指示剂 1～2 滴，用待标定的 0.05mol/L 氢氧化钠溶液滴定至溶液由无色变为浅红色，并在 30s 内不褪色为终点。同时作空白试验。按下式计算氢氧化钠的浓度。取 3 次标定结果的平均值。

$$c_1=\frac{c_2\times V_2}{V_1-V_0}$$

式中：c_1——氢氧化钠溶液的浓度(mol/L)；

V_1——标定时用去氢氧化钠溶液的体积(mL)；

V_0——空白试验用去氢氧化钠溶液的体积(mL)；

c_2——邻苯二甲酸氢钾的浓度(mol/L)；

V_2——邻苯二甲酸氢钾的体积(mL)。

(3) 0.1mol/L 盐酸标准溶液：取浓盐酸 9mL，用水定容至 1L。吸取该溶液 15mL，以酚酞作指示剂，用已标定好的 0.05mol/L 氢氧化钠标准溶液标定其准确浓度：

$$c_3=\frac{c_1\times V_1}{V_3}$$

式中：c_3——盐酸标准溶液的浓度(mol/L)；

V_3——盐酸标准溶液的体积(mL)；

c_1——氢氧化钠标准溶液的浓度(mol/L)；

V_1——标定时用去氢氧化钠溶液的体积(mL)。

10.2.2 测定原理

土壤用中性 1mol/L NH_4OAc 处理后的浸出液包含全部交换性盐基，它们都以醋酸盐状态存在。将浸出液蒸干，灼烧，碱金属和碱土金属的盐，最后大部分转化为碳酸盐、氧化物，用过量的 0.1mol/L 盐酸溶解灼烧残渣，以标准 0.05mol/L NaOH 滴定过量的酸，按实际耗酸量计算交换性盐基总量。

10.2.3 测定步骤

吸取 1mol/L NH_4OAc 处理土样的浸出液 50～100mL 放入瓷蒸发皿中，在水浴锅上蒸干。蒸干后的瓷蒸发皿放入 470～500℃高温电炉中灼烧 15min，冷却后加 0.1mol/L 盐酸标准溶液 10.00mL，用橡皮头玻璃棒小心擦洗此蒸发皿的内壁并搅匀，使残留物溶解，慎防产生的二氧化碳气体溅失溶液，低温加热 5min，冷却后，加甲基红指示剂 1 滴，用 0.05mol/L 氢氧化钠标准溶液滴定至突变为黄色。

10.2.4　结果计算

$$\text{交换性盐基总量}(Q_{+,B},\text{cmol/kg})=\frac{(c_1\times V_1-c_2\times V_2)\times ts}{m_1\times k_1}\times 100$$

式中：c_1——盐酸标准溶液的浓度(mol/L)；

V_1——盐酸标准溶液的体积(mL)；

c_2——氢氧化钠标准溶液的浓度(mol/L)；

V_2——氢氧化钠标准溶液的体积(mL)；

ts——分取倍数，ts=浸出液总体积/吸取浸出液体积=250/(50～100)；

m_1——风干土样的质量(g)；

k_1——将风干土样转换成烘干土样的水分换算系数。

10.3　酸性和中性土壤交换性钙和镁的测定：AAS法

10.3.1　试剂配制

(1) 1 000μg/mL 钙(Ca)标准溶液：称取 2.497 2g 碳酸钙($CaCO_3$，分析纯，经 110℃ 烘 4h)溶于 1mol/L 盐酸溶液中，煮沸赶走二氧化碳，用水洗入 1L 容量瓶中，定容。

(2) 1 000μg/mL 镁(Mg)标准溶液：称取 1.000 0g 金属镁(光谱纯)溶于少量 6mol/L 盐酸溶液中，用水洗入 1L 容量瓶中，定容。

(3) 钙、镁标准混合溶液(其中含钙 1～24μg/mL，含镁 0～6μg/mL)：分别吸取不同量的 1000μg/mL 钙(Ca)和 1000μg/mL 镁(Mg)的标准溶液，用 1mol/L NH_4OAc 溶液定容配制成含钙(Ca)1μg/mL、4μg/mL、8μg/mL、12μg/mL、16μg/mL、20μg/mL、24μg/mL 和镁(Mg)0.5μg/mL、1μg/mL、2μg/mL、3μg/mL、4μg/mL、5μg/mL、6μg/mL 的混合液。各混合液中应先加入 30g/L 氯化锶($SrCl_2\cdot 6H_2O$)溶液，使配制成的溶液中含锶(Sr) 1 000μg/mL。

(4) 1mol/L NH_4OAc 溶液(pH7.0)：同 10.1.1。

10.3.2　测定原理

以 1mol/L NH_4OAc 为土壤交换剂，用原子吸收分光光度计法测定土壤交换性钙、镁时，所用的钙、镁标准溶液中应加入同量的 1mol/L NH_4OAc 溶液，以消除基体效应。此外，在土壤浸出液中，还应加入释放剂锶(Sr)，以消除铝、磷和硅对钙测定的干扰。

10.3.3　测定步骤

吸取 1mol/L NH_4OAc 溶液处理土壤的浸出液 20.00mL 于 25mL 容量瓶中，加 30g/L氯化锶($SrCl_2\cdot 6H_2O$)溶液 2.5mL，用 1mol/L NH_4OAc 溶液定容。定容后的溶液直接在选定工作条件的原子吸收分光光度计上用 422.7nm)(钙)和 285.2nm(镁)波长处测定吸收值。在成批样品测定过程中，要按一定间隔时间用标准溶液校正仪器。

先用标准系列溶液在相同条件下测定吸收值，绘制浓度-吸收值工作曲线。

根据待测液中钙、镁的吸收值，分别在工作曲线上查得钙、镁的质量浓度（μg/mL）。

10.3.4　结果计算

$$土壤交换性钙(1/2Ca^{2+};cmol/kg)=\frac{\rho\times V\times ts}{m_1\times 20.04\times 1\,000}\times 100$$

$$土壤交换性镁(1/2Mg^{2+};cmol/kg)=\frac{\rho\times V\times ts}{m_1\times 12.153\times 1\,000}\times 100$$

式中：ρ——从工作曲线上查得待测液的钙（或镁）质量浓度（μg/mL）；

V——测读液体积（25mL）；

ts——分取倍数，浸出液总体积/吸取浸出液体积＝250/20；

m_1——烘干土样质量（g）；

20.04——$1/2Ca^{2+}$的摩尔质量（g/mol）；

12.153——$1/2Mg^{2+}$的摩尔质量（g/mol）；

1 000——将μg换算成mg。

10.4　酸性和中性土壤交换性钾和钠的测定：AAS法

10.4.1　试剂配制

(1) 1 000μg/mL钠（Na）标准溶液：称取2.542 2g氯化钠（NaCl，分析纯，经105℃烘4h）溶于水，定容至1L。

(2) 1 000μg/mL钾（K）标准溶液：称取1.906 8g氯化钾（KCl，分析纯，经105℃烘4h）溶于水，定容至1L。

(3) 钾、钠标准混合溶液：分别吸取不同量的1 000μg/mL钾（K）和1 000μg/mL钠（Na）的标准溶液，用1mol/L NH_4OAc溶液定容配制成含钾（K）和钠（Na）各为5μg/mL、10μg/mL、15μg/mL、20μg/mL、30μg/mL、50μg/mL的系列混合液。

10.4.2　测定原理

用1mol/L NH_4OAc交换的土壤浸出液，直接在火焰光度计上测定钾、钠，从工作曲线上查出相应的浓度（mg/L）。

10.4.3　测定步骤

将配制好的钾、钠标准系列混合溶液，以最大浓度定为火焰光度计上的检流计的满度，然后从稀到浓依次进行测定，记录检流计读数，以检流计读数为纵坐标，钾（或钠）浓度为横坐标，绘制工作曲线。

将 1mol/L NH_4OAc 溶液处理土壤的浸出液，直接在火焰光度计上测定钾和钠，记录检流计读数，然后从工作曲线上查得待测液的钾(或钠)的浓度。

10.4.4　结果计算

$$土壤交换性钾(K^+;cmol/kg)=\frac{\rho\times V}{m_1\times 39.1\times 1\,000}\times 100$$

$$土壤交换性钠(Na^+;cmol/kg)=\frac{\rho\times V}{m_1\times 23.0\times 1\,000}\times 100$$

式中：ρ——从工作曲线上查得待测液的钾(或钠)质量浓度(μg/mL)；

V——测读液体积(25mL)；

m_1——烘干土样质量(g)；

39.1——K^+的摩尔质量(g/mol)；

23.0——Na^+的摩尔质量(g/mol)；

1 000——将 μg 换算成 mg。

10.4.5　注意事项

土壤盐基饱和度的计算：用“Q_+”表示阳离子交换总量，“$Q_{+,B}$”表示交换性盐基总量，“S”表示盐基饱和度，“S_i”表示某一盐基成分的饱和度，“$Q_{+,A}$”表示交换性酸。盐基饱和度计算公式为：

$$S\%=\frac{Q_{+,B}}{Q_+}\times 100$$

或

$$S\%=\frac{Q_+-Q_{+,A}}{Q_+}\times 100$$

或

$$S_{Ca^{2+}/2}\%=\frac{Q_{+,Ca^{2+}}}{Q_+}\times 100$$

10.5　土壤活性酸的测定：电位法

10.5.1　试剂配制

(1) 饱和(25℃)酒石酸氢钾(pH=3.557)：将过量的酒石酸氢钾与水一起振荡后，保存待用。使用前经过滤纸或用倾注法取清液使用。

(2) 0.05mol/L 邻苯二酚甲酸氢钾(pH=4.008)：将结晶的邻苯二酚甲酸氢钾在110℃下干燥 1h，在干燥器中冷却后，称取 2.35g 溶于水后稀释至 250mL(25℃)。

(3) 0.025mol/L 磷酸氢二钠、0.025mol/L 磷酸氢二钾，pH=6.865(25℃)：最好用无结晶的试剂并在 120℃下干燥 2h(温度不能过高，避免生成缩合磷酸盐)，于干燥器中冷却后，称取 3.53g Na_2HPO_4 和 3.39g KH_2PO_4，溶于水后稀释至 1L。

(4) 0.01mol/L 四硼酸钠，pH=9.18(25℃)：试剂放在内盛有蔗糖和 NaCl 饱和溶液的干燥器中，平衡数天后，称取 3.80g $Na_2B_4O_7 \cdot 10H_2O$，溶于水后稀释至 1L。

10.5.2 测定原理

用 pH 计测定土壤悬浊液的 pH 值时，由于玻璃电极内外溶液 H^+ 活度的不同产生电位差，$E=0.059\ 1\log(a^1/a^2)$，a_1 = 玻璃电极内溶液 H^+ 活度(固定不变)；a_2 = 玻璃电极外溶液即待测液 H^+ 活度，电位计上读数换算成 pH 后在刻度盘上直接读出 pH 值。

10.5.3 测定步骤

(1) 仪器校准：用标准缓冲溶液检查 pH 计时，必须用两个不同 pH 值的缓冲溶液，一个为 pH=4，另一个为 pH=7。先将电极插进 pH=4 的缓冲溶液，开启电源，调节零点和温度补偿后，将挡板拨至 pH 挡，用"定位"调节指针至缓冲溶液的 pH 值。这次调节的是电极不对称电位，经过第一次缓冲溶液校正后，如电极完好或仪器已在正常情况下工作，则用第二个缓冲溶液 pH=7 检查，允许的偏差在 0.02pH 以内。如果产生较大的偏差，则必须更换电极或检查原因。

(2) 测定：称取 10g 通过 1mm 筛孔风干土样于 25mL 烧杯中，加蒸馏水(或 0.01mol/L $CaCl_2$)10mL[注1,注2]混匀，静置 30min，用校正过的 pH 计测定悬液的 pH 值。测定时将玻璃电极球部(或底部)浸入悬液泥层中，并将甘汞电极侧孔的塞子拔去，甘汞电极浸在悬液上部清液中，测读 pH 值。

10.5.4 注意事项

注 1：用 0.01mol/L $CaCl_2$ 作提取剂有几个好处，第一，能消除悬液效应的影响；第二，不大受稀释影响；第三，它虽是盐溶液，但与非盐土壤溶液中的试剂电解质浓度近似，所以用它测出的 pH 值更接近田间状态。另外，用 $CaCl_2$ 提取较易澄清，便于测定。

注 2：采用 1∶1 的水土比例，对碱性土壤和酸性土壤均能得到较好的结果，特别是碱性土壤。

10.6 土壤交换性酸的测定：1mol/L KCl 交换——中和滴定法

10.6.1 试剂配制

(1) 1mol/L 氯化钾溶液：称取 174.6g KCl，用蒸馏水溶解并稀释至 1 000mL。

(2) 0.02mol/L 标准碱(NaOH)：称取约 0.8g 的 NaOH，溶于 1 000mL 无二氧化碳蒸馏水中。用邻苯二甲酸氢钾标定浓度。

(3) 10g/L 酚酞:称取酚酞 1g,溶于 100mL 乙醇中。

(4) 35g/L NaF 溶液:称取 3.5g NaF(化学纯)溶于 80mL 无二氧化碳水中,以酚酞为指示剂,用稀 NaOH 或 HCl 调节到微红色(pH8.3),稀释至 100mL,贮于塑料瓶中。

10.6.2 测定原理

在酸性土壤中,土壤胶体上可交换的 H^+ 及铝在用 KCl 淋洗时,H^+ 经过交换而进入溶液。

$$[土壤]\begin{matrix}H^+\\ Al^3\\ Ca^{2+}\\ Mg^{2+}\end{matrix}+nKCl\Leftrightarrow[土壤]8K^++KCl+AlCl_3+CaCl_2+MgCl_2+(n-8)KCl$$

同时有机胶体上可交换的氢亦随淋洗而进入溶液。当用标准 NaOH 溶液滴定浸出液时,从标准 NaOH 消耗量可以得到交换酸的含量。

从浸出液中另取一份溶液加入足够量的 NaF 时,氟离子与铝络合成$[AlF_6]^{3-}$,制止了 $AlCl_3$ 水解,再用标准 NaOH 溶液滴定,消耗碱的量即为交换性氢,两者之差即为交换性铝。

10.6.3 测定步骤

称取过 1mm 筛风干土样 5.00g 放在已铺好滤纸的漏斗内,用 1mol/L KCl 溶液少量多次地淋洗土样,滤液承接在 250mL 容量瓶中至近刻度时用 1mol/L KCl 溶液定容[注1]。

吸取滤液 100mL 于 250mL 三角瓶中,煮沸 5min 赶出 CO_2,加入酚酞指示剂 5 滴,趁热用 0.02mol/L NaOH 标准溶液滴定至微红色,记下 NaOH 用量(V_1)。

另一份 100mL 滤液于 250mL 三角瓶中,煮沸 5min,赶走 CO_2,趁热加入过量35g/L NaF 溶液约 1mL[注2],冷却后加入酚酞 5 滴,用 0.02mol/L NaOH 标准溶液滴定至微红色,记下 NaOH 用量(V_2)。

同时作空白试验,分别记取 NaOH 用量(V_0 和 V'_0)。

10.6.4 结果计算

$$土壤交换性铝(1/3Al^{3+},cmol/kg)=Q_{+,A}-Q_{+,H^+}$$

$$土壤交换性酸总量(Q_{+,A},cmol/kg)=\frac{(V_1-V_0)c\times 分取倍数}{m}\times 100$$

$$土壤交换性\ H^+(Q_{+,H^+},cmol/kg)=\frac{(V_2-V'_0)c\times 分取倍数}{m}\times 100$$

式中:c——NaOH 标准溶液的浓度(mol/L);

分取倍数——250/100=2.5;

m——烘干土样质量(g)。

10.6.5 注意事项

注 1:淋洗 250mL 已可把交换性氢、铝基本洗出来,若淋洗体积过大或时间过长,有可能把部分非交换性酸洗出。

注 2:NaF 溶液用量应根据计算取用:

$$35g/L\ NaF 加入量(mL)=\frac{V\times c\times 6}{0.85\times 3}$$

式中:c、V——滴定交换性酸总量时所用 NaOH 的浓度(mol/L)和体积(mL);

0.85——35g/L NaF 近似浓度;

6——$[AlF_6]^{3-}$ 络离子中 Al 与 F^- 比值;

3——Al^{3+} 变为$[1/3Al^{3+}]$基本单元的换算系数。

10.7 石灰性土壤交换量的测定:乙酸钠——火焰光度法

10.7.1 试剂配制

(1) 1mol/L 乙酸钠(pH=8.2)溶液:称取 136g 的 $CH_3COONa\cdot 3H_2O$ 用蒸馏水溶解并稀释至 1L。此溶液 pH 值为 8.2。否则以 NaOH 或 HOAc 调节至 pH=8.2。

(2) 异丙醇(990mL/L)或乙醇(950mL/L)。

(3) 1mol/L NH_4OAc(pH7):取 57mL 冰乙酸(99.5%),加蒸馏水至 500mL,加 69mL 浓氨水(NH_4OH),再加蒸馏水至约 980mL,用 NH_4OH 或 HOAc 调节溶液至 pH=7.0,然后用蒸馏水定容至 1L。

(4) 钠(Na)标准溶液:称取 2.542 3g 氯化钠(分析纯,105℃烘干 4h),以(pH=7.0) 0.1mol/L NH_4OAc 为溶剂,定容于 1L,即为 1 000μg/mL 钠标准溶液,然后逐级用醋酸铵溶液稀释成 3μg/mL、5μg/mL、10μg/mL、20μg/mL、30μg/mL、50μg/mL 标准溶液,贮于塑料瓶中保存。

10.7.2 测定原理

$$[土壤]Ca+n NaOAc=[土壤]^{Na}_{Na}+Ca(OAc)_2+(n-2)NaOAc$$

$$[土壤]Na+NH_4OAc=[土壤]NH_4+NaOAc$$

用 pH 值为 8.21 的 1mol/L NaOAc 处理土壤,使其为 Na^+ 饱和。洗除多余的 NaOAc 后,以 NH_4^+ 将交换性 Na^+ 交换出来,测定 Na^+ 以计算交换量。

在操作程序中,用醇洗去多余的 NaOAc 时,交换性钠倾向于水解进入溶液而损失,因此洗涤过头将产生负误差;减少淋洗次数,则因残留交换剂而提高交换量。只有当两个误差互相抵消，才能得到良好的结果。试验证明，醇洗3次，一般可使误差达到最低值。

10.7.3 测定步骤

称取过1mm筛的风干土壤4.00～6.00g(黏土4.00g，沙土6.00g)，置于50mL离心管中，加(pH=8.2)1mol/L NaOAc33mL，使各管质量一致，塞住管口，振荡5min后离心，弃去清液[注1]。重复用NaOAc提取4次[注2]。然后以同样方法，用异丙醇或乙醇洗涤样品3次，最后1次尽量除尽洗涤液。将上述土样加1mol/L NH_4OAc33mL，振荡5min(必要时用玻璃棒搅动)，离心，将清液小心倾入100mL容量瓶中；按同样方法用1mol/L NH_4OAc交换洗涤两次，收集的清液最后用1mol/L NH_4OAc溶液稀释至刻度。用火焰光度计测定溶液中Na^+浓度，计算土壤交换量。

10.7.4 结果计算

$$土壤交换量(cmol/kg)=\frac{\rho \times V}{m \times 23} \times 10^{-3} \times 100$$

式中：ρ——标准曲线上查得的待测液中钠离子的质量浓度(μg/mL)；

V——测定时定容的体积(mL)；

23——钠的摩尔质量(g/mol)[注3]；

m——烘干土质量(g)。

10.7.5 注意事项

注1：此步骤适用于石灰性土壤交换量的测定。测定盐碱土时，由于该类土壤既含有石灰质又含有易溶盐，在交换前必须除去可溶盐。具体办法是：于离心管中加入50℃左右的500mL/L乙醇溶液数毫升，搅拌样品，离心后弃去清液，反复数次至用$BaCl_2$检查清液仅有微量$BaSO_4$反应为止。

注2：用NaOAc溶液提取4次，第4次提取的钙和镁已很少，第4次提取液的pH值为7.9～8.2，表示提取过程已基本完成。

注3：每升中钠离子的摩尔质量为23g，这里以毫升表示，则钠的摩尔质量为23mg。

11 土壤盐分分析

11.1 土壤水溶性盐的浸提:5∶1水土比

11.1.1 试剂配制

1g/L偏磷酸钠溶液:称取0.1g$(NaPO_3)_6$溶于100mL水中。

11.1.2 测定步骤

5∶1水土比浸出液的配制:称取通过1mm筛孔相当于50.0g烘干土重的风干土,放入500mL三角瓶中,加水250mL(如果土壤含水量大于3%时,加水量应加以校正)[注1,注2]。

盖好瓶塞,在振荡机上振荡3min,或用手摇荡3min[注3]。然后将布氏漏斗与抽气系统连接,铺上与漏斗直径大小一致的紧密滤纸,缓缓抽气,使滤纸与漏斗紧贴,先倒少量土液于漏斗中心,使滤纸湿润并完全贴实在漏斗底上,再将悬浊土浆缓缓倒入,直至抽滤完毕。如果滤液开始浑浊应倒回重新过滤或弃去浊液。将清亮滤液收集备用[注4]。

如果是碱性土壤,分散性很强或质地黏重的土壤,难以得到清亮滤液时,最好用素陶瓷中孔(巴斯德)吸滤管减压过滤[注5],或用盖紧的抽滤装置过滤。如用巴氏滤管过滤应加大土液数量,过滤时可用几个吸滤瓶连结在一起。

11.1.3 注意事项

注1:水土比例大小直接影响土壤可溶性盐分的提取,因此,提取的水土比例不要随便更改,否则分析结果无法对比。

注2:空气中的二氧化碳分压大小以及蒸馏水中溶解的二氧化碳都会影响碳酸钙、碳酸镁、硫酸钙的溶解度,相应地影响着水浸出液的盐分数量,因此,必须使用无二氧化碳的蒸馏水来提取样品。

注3:土壤可溶盐分浸提时间,经试验证明,水土作用2min,即可使土壤中可溶性的氯化物、碳酸盐与硫酸盐等全部溶于水中,如果延长时间,将有中性盐和难溶性盐(硫酸钙和碳酸钙等)进入溶液。因此,建议采用振荡3min立即过滤的方法,振荡和放置时间越长,可溶性盐的分析结果误差也越大。

注 4:待测液不可在室温下放置过长时间(一般不得超过 1d),否则会影响钙、镁、碳酸根和重碳酸根的测定。可以将滤液储存在 4℃条件下备用。

注 5:对于难以过滤的碱化度高或质地黏重的土壤可用巴氏滤管抽滤。巴氏滤管是用不同细度的陶瓷制成,其微孔大小分为 6 级。号数越大,微孔越小,土壤盐分过滤可用 1G3 或 1G4。也有的巴氏滤管微孔大小分为粗、中、细 3 级,土壤盐分过滤可用粗号或中号。

11.2　土壤水溶性盐总量的测定

11.2.1　电导法

1) 试剂配制

(1) 0.01mol/L 的氯化钾溶液:称取 0.745 6g 干燥分析纯 KCl 溶于刚煮沸过的冷蒸馏水中,于 25℃稀释至 1L,贮于塑料瓶中备用。这一参比标准溶液在 25℃时的电导率为 1.412ds/m。

(2) 0.02mol/L 的氯化钾溶液:称取 1.491 1g KCl,同上法配成 1L,25℃时的电导率为 2.765ds/m。

2) 测定原理

土壤水溶性盐是强电解质,其水溶液具有导电作用。以测定电解质溶液的电导为基础的分析方法,称为电导分析法。在一定浓度范围内,溶液的含盐量与电导率呈正相关。因此,土壤浸出液的电导率的数值能反映土壤含盐量的高低,但不能反映混合盐的组成。如果土壤溶液中几种盐类彼此间的比值比较固定时,则用电导率值测定总盐分浓度的高低是相当准确的。土壤浸出液的电导率可用电导仪测定,并可直接用电导率的数值来表示土壤含盐量的高低。

将连接电源的两个电极插入土壤浸出液(电解质溶液)中,构成一个电导池。正负两种离子在电场作用下发生移动,并在电极上发生电化学反应而传递电子,因此电解质溶液具有导电作用。

根据欧姆定律,当温度一定时,电阻与电极间的距离(L)成正比,与电极的截面积(A)成反比。

$$R=\rho\frac{L}{A}$$

式中:R——电阻(欧姆);

ρ——电阻率。

当 $L=1\text{cm}$,$A=1\text{cm}^2$ 时,则 $R=\rho$,此时测得的电阻称为电阻率(ρ)。溶液的电导是电阻的倒数,溶液的电导率(EC)则是电阻率的倒数。

$$\text{EC}=\frac{1}{\rho}$$

电导率的单位常用西门子/米(S/m)。土壤溶液的电导率一般小于1S/m,因此常用ds/m(分西门子/米)表示。

两电极片之间的距离和电极片的截面积难以精确测量,一般可用标准KCl溶液(其电导率在一定温度下是已知的)求出电极常数。

K为电极常数,EC_{KCl}为标准KCl溶液(0.02mol/L)的电导率(ds/m),18℃时,$EC_{KCl}=2.397$ds/m。S_{KCl}为同一电极在相同条件下实际测得的电导度值。那么,待测液测得的电导度乘以电极常数就是待测液的电导率。

$$EC=KS$$

大多数电导仪有电极常数调节装置,可以直接读出待测液的电导率,无需再考虑用电极常数进行结果计算。

3) 测定步骤

吸取土壤浸出液或水样30～40mL,放在50mL的小烧杯中(如果土壤只用电导仪测定总盐量,可称取4g风干土样放在25mm×200mm的大试管中,加水20mL,盖紧皮塞,振荡3min,静置澄清后,不必过滤,直接测定。测量液体温度。如果测一批样品时,应每隔10min测一次液温,在10min内所测样品可用前后两次液温的平均温度或者在25℃恒温水浴锅中测定。将电极用待测液淋洗1～2次(如待测液少或不易取出时可用水冲洗,用滤纸吸干),再将电极插入待测液中,使铂片全部浸没在液面下,并尽量插在液体中心部位。按电导仪说明书调节电导仪,测定待测液的电导度(S),记下读数。每个样品重复读2～3次,以防偶尔出现的误差。

一个样品测定后及时用蒸馏水冲洗电极,如果电极上附着有水滴,可用滤纸吸干,以备测下一样品继续使用。

4) 结果计算

(1) 土壤浸出液的电导率EC_{25}=电导度(S_t)×温度校正系数(f_t)×电极常数(K)。

一般电导仪的电极常数值已在仪器上补偿,故只要乘以温度校正系数即可,不需要再乘电极常数。温度校正系数(f_t)可查相应表格。粗略校正时,可按每增高1℃,电导度约增加2%计算。

当液温在17～35℃之间时,液温与标准液温25℃每差1℃,则电导率约增减2%,所以EC_{25}也可按下式直接算出。

$$EC_t=S_t\times K$$

$$\begin{aligned}EC_{25}&=EC_t-[(t-25℃)\times 2\%\times EC_t]\\&=EC_t[1-(t-25℃)\times 2\%]\\&=KS_t[1-(t-25℃)\times 2\%]\end{aligned}$$

(2) 标准曲线法(或回归法)计算土壤全盐量。从土壤含盐量(%)与电导率的相关直线或回归方程查算土壤全盐量(%,或g/kg)。

标准曲线的绘制:溶液的电导度不仅与溶液中盐分的浓度有关,而且也受盐分组成的影响。因此要使电导度的数值能符合土壤溶液中盐分的浓度，那就必须预先用所测地区不同盐分浓度的代表性土样若干个（约 20 个或更多一些），用残渣烘干法测得土壤水溶性盐总量（%）。再以电导法测其土壤溶液的电导度，换算成电导率（EC_{25}），在方格坐标纸上，以横坐标为电导率，纵坐标为土壤水溶性盐总量（%），划出各个散点，将有关点作出曲线，或者计算出回归方程[注1]。

有了这条直线或方程，可以将同一地区的土壤溶液盐分用同一型号的电导仪测得其电导度，换算成电导率，查出土壤水溶性盐总量（%）。

(3) 直接用土壤浸出液的电导率来表示土壤水溶性盐总量。

目前国内多采用 5∶1 水土比例的浸出液作电导测定。

美国用水饱和的土浆浸出液的电导率来估计土壤全盐量，其结果较接近田间情况。

5）注意事项

注 1：许多研究者发现，盐的含量与溶液电导率不是简单的直线关系，若以盐总量对应电导率的对数值作图或回归统计，可以取得更理想的线性效果。

11.2.2 残渣烘干法

1）试剂配制

150g/L 过氧化氢溶液。

2）测定原理

吸取一定量的土壤浸出液放在瓷蒸发皿中，在水浴上蒸干，用过氧化氢（H_2O_2）氧化有机质，然后在 105～110℃烘箱中烘干，称重，即得烘干残渣质量。

3）测定步骤

吸收 1∶5 土壤浸出液或水样 20～50mL（根据盐分多少取样，一般应使盐分重量在 0.02～0.2g 之间）[注1]放在 100mL 已知烘干质量的瓷蒸发皿内，在水浴上蒸干，不必取下蒸发皿，用滴管沿皿四周加 150g/L H_2O_2，使残渣湿润，继续蒸干，如此反复用 H_2O_2 处理，使有机质完全氧化为止，此时干残渣全为白色[注2]。

蒸干后残渣和皿放在 105～110℃烘箱中烘干 1～2h，取出冷却，用分析天平称重，记下质量。将蒸发皿和残渣再次烘干 30min，取出放在干燥器中冷却。前后两次质量之差不得大于 1mg[注3]。

4）结果计算

$$\text{土壤水溶性盐总量(g/kg)} = \frac{m_1}{m_2} \times 1\,000$$

式中：m_1——烘干残渣质量（g）；

m_2——烘干土样质量（g）。

5）注意事项

注 1：吸取待测液的数量，应以盐分的多少而定，如果含盐量大于 5.0g/kg，则吸取 25mL；含盐量小于 5.0g/kg，则吸取 50mL 或 100mL。保持盐分量在 0.02～0.2g 之间。

注 2：加过氧化氢去除有机质时，只要达到使残渣湿润即可，这样可以避免由于过氧化氢分解时泡沫过多，使盐分溅失，因而必须少量多次地反复处理，直至残渣完全变白为止。但溶液中有铁存在而出现黄色氧化铁时，不可误认为是有机质的颜色。

注 3：由于盐分（特别是镁盐）在空气中容易吸水，故应在相同的时间和条件下冷却称重。

11.3　阳离子的测定

11.3.1　钙和镁的测定：EDTA 滴定法

1）试剂配制

（1）4mol/L 的氢氧化钠溶液：溶解氢氧化钠 40g 于水中，稀释至 250mL，贮塑料瓶中，备用。

（2）铬黑 T 指示剂：溶解 0.2g 铬黑 T 于 50mL 甲醇中，贮于棕色瓶中备用，此液每月配制一次，或者溶解 0.2g 铬黑 T 于 50mL 二乙醇胺中，贮于棕色瓶。这样配制的溶液比较稳定，可用数月。或者称 0.5g 铬黑 T 与 100g 干燥分析纯 NaCl 共同研细，贮于棕色瓶中，用毕即可盖好，可长期使用。

（3）酸性铬蓝 K^+ 萘酚绿 B 混合指示剂（K－B 指示剂）：称取 0.1g 酸性铬蓝 K，0.2g 萘酚绿 B，溶于 50mL 水中备用，此液每月配制一次。

（4）浓 HCl（化学纯，ρ=1.19g/mL）。

（5）1∶1HCl（化学纯）：取一份盐酸加 1 份水。

（6）pH10 缓冲溶液：称取 67.5g 氯化铵（化学纯）溶于无二氧化碳的水中，加入 570mL 新开瓶的浓氨水（化学纯，浓度 0.9g/mL，含氨 25%），用水稀释至 1L，贮于塑料瓶中，并注意防止吸收空气中的二氧化碳。

（7）0.01mol/L Ca 标准溶液：准确称取 0.500 4g 在 105℃ 下烘 4～6h 的分析纯 $CaCO_3$。溶于 25mL 的 0.5mol/L HCl 中煮沸除去 CO_2，用无 CO_2 蒸馏水洗入 500mL 容量瓶，并稀释至刻度。

（8）0.01mol/L EDTA 标准溶液：称取 3.720g EDTA 二钠盐溶于无二氧化碳的蒸馏水中，微热溶解，冷却定容至 1 000mL。用标准 Ca^{2+} 溶液标定，贮于塑料瓶中，备用。

2）测定原理

EDTA 能与许多金属离子 Mn、Cu、Zn、Ni、Co、Ba、Sr、Ca、Mg、Fe、Al 等配合反应，形

成微离解的无色稳定性配合物。

但在土壤水溶液中除 Ca^{2+} 和 Mg^{2+} 外，能与 EDTA 配合的其他金属离子的数量极少，可不考虑。因而可用 EDTA 在 pH＝10 时直接测定 Ca^{2+} 和 Mg^{2+} 的数量。

干扰离子加掩蔽剂消除，待测液中 Mn、Fe、Al 等金属含量多时，可加三乙醇胺掩蔽。1∶5的三乙醇胺溶液 2mL 能掩蔽 5～10mgFe、10mgAl、4mgMn。

当待测液中含有大量 CO_3^{2-} 或 HCO^{3-} 时，应预先酸化，加热除去 CO_2，否则用 NaOH 溶液调节至待测溶液 pH 值为 12 以上时会有 $CaCO_3$ 沉淀形成，用 EDTA 滴定时，由于 $CaCO_3$ 逐渐离解而使滴定终点拖长。

当单独测定 Ca 时，如果待测液含 Mg^{2+} 超过 Ca^{2+} 的 5 倍，用 EDTA 滴 Ca^{2+} 时应先稍加过量的 EDTA，使 Ca^{2+} 先和 EDTA 配合，防止碱化时形成的 $Mg(OH)_2$ 沉淀对 Ca^{2+} 吸附。最后再用 $CaCl_2$ 标准溶液回滴过量 EDTA。

单独测定 Ca 时，使用的指示剂有紫尿酸铵，钙指示剂(NN)或酸性铬蓝 K(即 K－B 指示剂)等。测定 Ca、Mg 含量时使用的指示剂有铬黑 T、酸性铬蓝 K 等。

3) 测定步骤

(1) 钙的测定：吸取土壤浸出液或水样 10～20mL(含 Ca0.02～0.2mol)放在 150mL 烧杯中，加 1∶1 HCl 2 滴，加热 1min，除去 CO_2，冷却，将烧杯放在磁力搅拌器上，杯下垫一张白纸，以便观察颜色变化。

给此溶液中加 3 滴 4mol/L 的 NaOH 中和 HCl，然后每 5mL 待测液再加 1 滴 NaOH 和适量 K－B 指示剂，搅动以便 $Mg(OH)_2$ 沉淀。

用 EDTA 标准溶液滴定，其终点由紫红色至蓝绿色。当接近终点时，应放慢滴定速度，5～10s 加 1 滴。如果无磁力搅拌器时应充分搅动，谨防滴定过量，记下 EDTA 用量(V_1)。

(2) Ca、Mg 含量的测定：吸取土壤浸出液或水样 1～20mL(每份含 Ca 和 Mg0.01～0.1mol)放在 150mL 的烧杯中，加 2 滴 1∶1HCl 摇动，加热至沸 1min，除去 CO_2，冷却。加 3.5mL pH 值为 10 的缓冲液，加 1～2 滴铬黑 T 指示剂，用 EDTA 标准溶液滴定，终点颜色由深红色到天蓝色，如加 K－B 指示剂则终点颜色由紫红变成蓝绿色，记下消耗 EDTA量(V_2)。

4) 结果计算

$$\text{土壤水溶性钙(1/2Ca)含量(cmol/kg)}=\frac{c(\text{EDTA})\times V_1\times 2\times ts}{m}\times 100$$

$$\text{土壤水溶性钙(Ca)含量(g/kg)}=\frac{c(\text{EDTA})\times V_1\times 2\times ts\times 0.040}{m}\times 1\,000$$

$$\text{土壤水溶性镁(1/2Mg)含量(cmol/kg)}=\frac{c(\text{EDTA})\times V_1\times 2\times ts}{m}\times 100$$

$$\text{土壤水溶性镁(Ca)含量(g/kg)}=\frac{c(\text{EDTA})\times V_1\times 2\times ts\times 0.024\,4}{m}\times 1\,000$$

式中：V_1——滴定 Ca^{2+} 时所用的 EDTA 体积(mL)；

V_2——滴定 Ca^{2+}、Mg^{2+} 含量时所用的 EDTA 体积(mL)；

c(EDTA)——EDTA 标准溶液的浓度(mol/L)；

ts——分取倍数；

m——烘干土壤样品的质量(g)。

11.3.2 钙和镁的测定：AAS 法

1) 试剂配制

(1) 50g/L $LaCl_3$ 溶液：称 13.40g $LaCl_3 \cdot 7H_2O$ 溶于 100mL 水中，此为 50g/L 镧溶液。

(2) 100μg/mL Ca 标准溶液：称取 2.497g $CaCO_3$(分析纯，在 110℃烘 4h)溶于 1mol/L HCl 溶剂中，煮沸赶去 CO_2，用水洗入 1 000mL 容量瓶中。此溶液 Ca 浓度为1 000μg/mL，再稀释成 100μg/mL 标准溶液。

(3) 25μg/mL Mg 标准溶液：称 0.100 0g 金属镁(化学纯)溶于少量 6mol/L HCl 溶剂中，用水洗入 1 000mL 容量瓶，此溶液 Mg 浓度 100μg/mL，再稀释成 25μg/mL Mg。

将以上这两种标准溶液配制成 Ca、Mg 混合标准溶液系列，含 Ca，0～20μg/mL；Mg，0～1.0μg/mL，最后应含有与待测液相同浓度的 HCl 和 $LaCl_3$。

2) 测定步骤

吸取一定量的土壤浸出液于 50mL 量瓶中，加 50g/L $LaCl_3$ 溶液 5mL，用去离子水定容。在选择工作条件的原子吸收分光光度计上分别在 422.7nm(Ca)及 285.2nm(Mg)波长处测定吸收值。可用自动进样系统或手控进样，读取记录标准溶液和待测液的结果，并在标准曲线上查出(或回归法求出)待测液的测定结果。在批量测定中，应按照一定时间间隔用标准溶液校正仪器，以保证测定结果的正确性。

3) 结果计算

$$\text{土壤水溶性钙}(Ca^{2+})\text{含量}(g/kg)=\frac{\rho(Ca^{2+})\times 50\times ts\times 10^{-3}}{m}$$

$$\text{土壤水溶性钙}(1/2Ca)\text{含量}(cmol/kg)=\frac{Ca^{2+}(g/kg)}{0.020}$$

$$\text{土壤水溶性镁}(Mg^{2+})\text{含量}(g/kg)=\frac{\rho(Mg^{2+})\times 50\times ts\times 10^{-3}}{m}$$

$$\text{土壤水溶性镁}(1/2Mg)\text{含量}(cmol/kg)=\frac{Mg^{2+}(g/kg)}{0.012\,2}$$

式中：$\rho(Ca^{2+})$或$\rho(Mg^{2+})$——钙或镁的质量浓度(μg/mL)；

ts——分取倍数；

50——待测液体积(mL)；

0.020 和 0.012 2——$1/2Ca^{2+}$ 和 $1/2Mg^{2+}$ 的摩尔质量(kg/mol)；

m——土壤样品的质量(g)。

11.3.3 钾和钠的测定:火焰光度法

1) 试剂配制

(1) c=0.1mol/L[$1/6Al_2(SO_4)_3$]溶液:称取 34g 的 $Al_2(SO_4)_3$ 或 66g 的 $Al_2(SO_4)_3 \cdot 18H_2O$ 溶于水中,稀释至 1L。

(2) K 标准溶液:称取 1.906 9g 在 105℃烘干 4～6h 的分析纯 KCl 溶于水中,定容 1 000mL,则含 K 为 1 000μg/mL,吸取此液 100mL,定容成 1 000mL,则得 100μg/mL K 标准液。

(3) Na 标准溶液:称取 2.542g 在 105℃烘干 4～6h 的分析纯 NaCl 溶于水中,定容 1 000mL,则含 Na 为 1 000μg/mL,吸取此液 100mL,定容成 1 000mL,则得 250μg/mL Na 标准液。

将 K、Na 两标准溶液按照需要可配成不同浓度和比例的混合标准溶液(如将 100μg/mL K 和 250μg/mL Na 标准溶液等量混合则得 50μg/mL K 和 125μg/mL Na 的混合标准溶液,贮在塑料瓶中备用)。

2) 测定原理

K、Na 元素通过火焰燃烧容易激发而放出不同能量的谱线,用火焰光度计测试出来,以确定土壤溶液中的 K、Na 含量。为抵消 K、Na 二者的相互干扰,可把 K、Na 配成混合标准溶液,而待测液中的 Ca 对于 K 干扰不大,但对 Na 影响较大。当 Ca 达 400mg/kg 时,对 K 测定无影响;而 Ca 在 20mg/kg 时,对 Na 就有干扰,可用 $Al_2(SO_4)_3$ 抑制 Ca 的激发减少对 Na 的干扰。其他如 200mg/kg Fe^{3+},500mg/kg Mg^{2+},对 K、Na 测定皆无干扰,在一般情况下(特别是浸出液),上述元素均未达到此限。

3) 测定步骤

吸取土壤浸出液 10～20mL,放入 50mL 量瓶中,加 $Al_2(SO_4)_3$ 溶液 1mL,定容。然后,在火焰光度计上测试(每测一个样品都要用水或被测液充分吸洗喷雾系统),记录检流计读数,在标准曲线上查出它们的浓度;也可利用带有回归功能的计算器算出待测液的浓度。

标准曲线的制作。吸取 K、Na 混合标准溶液 0mL、2mL、4mL、6mL、8mL、10mL、12mL、16mL、20mL,分别移入 9 个 50mL 的量瓶中,加 1mL 的 $Al_2(SO_4)_3$,定容,则含 K 分别为 0μg/mL、2μg/mL、4μg/mL、6μg/mL、8μg/mL、10μg/mL、12μg/mL、16μg/mL、20μg/mL,含 Na 分别为 0μg/mL、5μg/mL、10μg/mL、15μg/mL、20μg/mL、25μg/mL、30μg/mL、40μg/mL、50μg/mL。

用上述系列标准溶液，在火焰光度计上用各自的滤光片分别测出 K 和 Na 在检流计上的读数。以检流计读数为纵坐标，在直角坐标纸上绘出 K、Na 的标准曲线；或输入带有回归功能的计算器，求出回归方程。

4）结果计算

$$土壤水溶性 K^+,Na^+ 含量(g/kg)=\frac{\rho(K^+,Na^+)\times 50\times ts\times 10^{-3}}{m}$$

式中：$\rho(K^+,Na^+)$——钙或镁的质量浓度（μg/mL）；

ts——分取倍数；

50——待测液体积（mL）；

m——烘干样品质量（g）。

11.4 阴离子的测定

11.4.1 碳酸根和重碳酸根的测定：双指示剂——中和滴定法

1）试剂配制

（1）5g/L 酚酞指示剂：称取酚酞指示剂 0.5g，溶于 100mL 的 600mL/L 的乙醇中。

（2）1g/L 溴酚蓝指示剂：称取溴酚蓝 0.1g 在少量 950mL/L 乙醇中研磨溶解，然后用乙醇稀释至 100mL。

（3）0.01mol/L($1/2H_2SO_4$)标准溶液：量取浓 H_2SO_4（比重 1.84）2.8mL 加水至 1L，将此溶液再稀释 10 倍，再用标准硼砂标定其准确浓度。

2）测定原理

土壤水浸出液的碱度主要决定于碱金属和碱土金属的碳酸盐及重碳酸盐。可以应用双指示剂进行滴定。

$$Na_2CO_3+HCl=NaHCO_3+NaCl(pH=8.3 为酚酞终点)$$

$$NaHCO_3+HCl=NaCl+CO_2+H_2O(pH=4.1 为溴酚蓝终点)$$

由标准酸的两步用量可分别求得土壤中 CO_3^{2-} 和 HCO_3^- 的含量。滴定时标准酸如果采用 H_2SO_4，则滴定后的溶液可以继续测定 Cl^- 的含量。对于质地黏重、碱度较高或有机质含量高的土壤，会使溶液带有黄棕色，终点很难确定，可采用电位滴定法（即采用电位指示滴定终点）。

3）测定步骤

吸取两份 10～20mL 土水比为 1∶5 的土壤浸出液，放入 100mL 的烧杯中。

把烧杯放在磁力搅拌器上开始搅拌，或用其他方式搅拌，加酚酞指示剂 1～2 滴（每 10mL 加指示剂 1 滴），如果有紫红色出现，即示有碳酸盐存在，用 H_2SO_4 标准溶液滴定至浅红色刚一消失即为终点,记录所用 H_2SO_4 溶液的毫升数(V_1)。

溶液中再加溴酚蓝指示剂 1～2 滴(每 5mL 加指示剂 1 滴),在搅拌中继续用标准 H_2SO_4 溶液滴定至终点,当蓝紫色刚褪去,记录加溴酚蓝指示剂后所用 H_2SO_4 标准溶液的毫升数(V_2)。

4) 结果计算

$$土壤水溶性\ CO_3^{2-}\ 含量(cmol/kg)=\frac{2V_1\times c\times ts}{m}\times 100$$

$$土壤中水溶性\ CO_3^{2-}\ 含量(g/kg)=1/2CO_3^{2-}(cmol/kg)\times 0.0300$$

$$土壤水溶性\ HCO_3^{2-}\ 含量(cmol/kg)=\frac{(V_2-2V_1)\times c\times ts}{m}\times 100$$

$$土壤中水溶性\ HCO_3^{2-}\ 含量(g/kg)=HCO_3^{-}(cmol/kg)\times 0.0610$$

式中:V_1——酚酞指示剂达终点时消耗的 H_2SO_4 毫升数,此时碳酸盐只是半中和,故为 $2V_1$;

V_2——溴酚蓝为指示剂达终点时消耗的 H_2SO_4 体积(mL);

c——$1/2H_2SO_4$ 标准溶液的浓度(mol/L);

ts——分取倍数;

m——烘干土壤样品的质量(g);

0.030 0 和 0.061 0——分别为 $1/2CO_3^{2-}$ 和 HCO_3^- 的摩尔质量(kg/mol)。

11.4.2 氯离子的测定:硝酸银滴定法

1) 试剂配制

(1) 50g/L 铬酸钾指示剂:溶解 5g K_2CrO_4 于大约 75mL 水中,滴加饱和的 $AgNO_3$ 溶液,直到出现棕红色 Ag_2CrO_4 沉淀为止,避光放置 24h,倾清或过滤除去 Ag_2CrO_4 沉淀,将清液稀释至 100mL,贮在棕色瓶中,备用。

(2) 0.025mol/L 硝酸银标准溶液:将 4.268g 于 105℃烘干的 $AgNO_3$ 溶解于水中,稀释至 1L。必要时用 0.01mol/L KCl 溶液标定其准确浓度。

2) 测定原理

用 $AgNO_3$ 标准溶液滴定 Cl^- 是以 K_2CrO_4 为指示剂,其反应如下:

$$Cl^- + Ag^+ \rightarrow AgCl\downarrow(白色)$$

$$CrO_4^{2+} + 2Ag^+ \rightarrow Ag_2CrO_4\downarrow(棕红色)(指示剂)$$

AgCl 和 Ag_2CrO_4 虽然都是沉淀,但在室温下,AgCl 的溶解度(1.5×10^{-3} g/L)比 Ag_2CrO_4 的溶解度(2.5×10^{-3} g/L)小,所以当溶液中加入 $AgNO_3$ 时,Cl^- 首先与 Ag^+ 作用形成白色 AgCl 沉淀,当溶液中 Cl^- 全被 Ag^+ 沉淀后,则 Ag^+ 就与 K_2CrO_4 指示剂起作用,形成棕红色 Ag_2CrO_4 沉淀,此时即达终点。

用 $AgNO_3$ 滴定 Cl^- 时应在中性溶液中进行,因为在酸性环境中会发生如下反应:

$$CrO_4^{2-} + H^+ \rightarrow HCrO_4^-$$

因而降低了 K_2CrO_4 指示剂的灵敏性，如果在碱性环境中则：

$$Ag^+ + OH^- \rightarrow AgOH\downarrow$$

而 AgOH 饱和溶液中的 Ag^+ 浓度比 Ag_2CrO_4 饱和溶液中的小，所以 AgOH 将先于 Ag_2CrO_4 沉淀出来，因此，虽达 Cl^- 的滴定终点而无棕红色沉淀出现，这样就会影响 Cl^- 的测定。所以用测定 CO_3^{2-} 和 HCO_3^- 以后的溶液进行 Cl^- 的测定比较合适。在黄色光下滴定，终点更易辨别。

如果苏打盐土中提出的浸出液颜色发暗不易辨别终点颜色变化时，可用电位滴定法代替。

3）测定步骤

用滴定碳酸盐和重碳酸盐以后的溶液继续滴定 Cl^-。如果不用这个溶液，可另取两份新的土壤浸出液，用饱和 $NaHCO_3$ 溶液或 0.05mol/L H_2SO_4 溶液调至酚酞指示剂红色褪去。

每 5mL 溶液加 K_2CrO_4 指示剂 1 滴，在磁力搅拌器上，用 $AgNO_3$ 标准溶液滴定。无磁力搅拌器时，滴加 $AgNO_3$ 时应随时搅拌或摇动，直到刚好出现棕红色沉淀且不再消失为止。

4）结果计算

$$土壤中\ Cl^-\ 含量(cmol/kg) = \frac{c \times V \times ts}{m} \times 100$$

$$土壤中\ Cl^-\ 的含量(g/kg) = Cl^-(cmol/kg) \times 0.035\ 45$$

式中：V——消耗 $AgNO_3$ 标准溶液体积(mL)；

c——$AgNO_3$ 摩尔浓度(mol/L)；

0.035 45——Cl^- 的摩尔质量(kg/mol)。

11.4.3 硫酸根的测定：硫酸钡比浊法

1）试剂配制

(1) SO_4^{2-} 标准溶液：称取 0.181 4g 硫酸钾(分析纯，110℃烘干 4h)溶于水，定容 1L。此溶液含 SO_4^{2-} 100μg/mL。

(2) 稳定剂：75.0g 氯化钠(分析纯)溶于 300mL 水中，加入 30mL 浓盐酸和 100mL 的 950mL/L 乙醇，再加入 50mL 甘油，充分混合均匀。

(3) 氯化钡晶粒：净氯化钡($BaCl_2 \cdot 2H_2O$，分析纯)结晶磨细过筛，取粒度为 0.25～0.5mm之间的晶粒备用。

2）测定原理

在一定条件下，向试液中加入氯化钡($BaCl_2$)晶粒，使之与 SO_4^{2-} 形成硫酸钡($BaSO_4$)

沉淀，分散成较稳定的悬浊液，用比色计或比浊计测定其浊度（吸光度）。同时绘制工作曲线，由未知浊液的浊度查曲线，即可求得 SO_4^{2-} 浓度。

3）测定步骤

（1）吸取 25.00mL 土壤浸出液（SO_4^{2-} 浓度在 40μg/mL 以上者，应减少用量，并用纯水准确稀释至 25.00mL），放入 50mL 锥形瓶中。准确加入 1.0mL 稳定剂和 1.0g 氯化钡晶粒（可用量匙量取），立即转动锥形瓶至晶粒完全溶解为止。将上述浊液在 15min 内于 420nm 或 480nm 处进行比浊（比浊前须逐个摇匀浊液）。同一个土壤浸出液（25mL 中加 1mL 稳定剂，不加氯化钡），调节比色（浊）计吸收值“0”点，或测读吸收值后在土样浊液吸收值中减去之，从工作曲线上查得比浊液中的 SO_4^{2-} 含量（mg/25mL）。记录测定时的室温。

（2）工作曲线的绘制。分别准确吸取含 SO_4^{2-} 100μg/mL 的标准溶液 0mL、1mL、2mL、4mL、6mL、8mL、10mL，各放入 25mL 容量瓶中，加水定容，即成含 SO_4^{2-} 0mg/25mL、0.1mg/25mL、0.2mg/25mL、0.4mg/25mL、0.6mg/25mL、0.8mg/25mL、1.0mg/25mL 的标准系列溶液。按上述与待测液相同的步骤，加 1mL 稳定剂和 1g 氯化钡晶粒显浊和测读吸收值后绘制工作曲线。

（3）测定土样和绘制工作曲线时，必须严格按照规定的沉淀和比浊条件操作，以免产生较大的误差。

4）结果计算

$$土壤水溶性\ SO_4^{2-}\ 含量(\%)=\frac{m_1}{m}\times 100$$

或

$$土壤水溶性\ SO_4^{2-}\ 含量(g/kg)=\frac{m_1}{m}\times 1\,000$$

$$土壤水溶性\ SO_4^{2-}\ 的含量(cmol/kg)=SO_4^{2-}(g/kg)/0.048\,0$$

式中：m_1——由工作曲线查得 25mL 浸出液中的 SO_4^{2-} 含量(mg)；

m——相当于分析时所浸出液体积的干土质量(mg)；

0.048 0——1/2 SO_4^{2-} 的摩尔质量(kg/mol)。

12 碳酸钙和硫酸钙的测定

12.1 土壤不溶性碳酸盐总量的测定:中和滴定法

12.1.1 试剂配制

(1) 0.5mol/L HCl 标准溶液:将 41.7mL 的浓 HCl 稀释至 1L,用 Na_2CO_3 或硼砂标定之。

(2) 0.5mol/L NaOH 标准溶液:溶解 20g 的 NaOH 至 1L,标定其浓度。

(3) 10g/L 酚酞指示剂:溶解 1g 酚酞于 100mL 乙醇($\varphi=70\%$)中。

12.1.2 测定原理

土壤与一定量的 HCl 作用后,剩余的酸再用标准碱液回滴,以酚酞为指示剂,用净消耗的 HCl 数量来计算碳酸钙的含量。此法只能测得近似结果,因为所加的酸不仅能与碳酸盐作用,还能与其他物质发生反应。特别是在加热过程中会使许多物质分解或溶解,导致滤液中含有一些胶体物质,当用碱回滴时,滤液会产生比较强的缓冲作用,而致酚酞颜色变化迟钝,终点不易辨别,在加热情况下进行滴定可使情况改善。

12.1.3 测定步骤

称取通过 0.25mm 筛孔的土壤 5～25g(含 $CaCO_3$ 0.25～1g),放在 250mL 的烧杯中,用滴定管缓缓加入 20～80mL 的 0.5mol/L HCl(HCl 用量必须为中和 $CaCO_3$ 所需量的 2 倍以上)摇匀,加漏斗盖,小火加热,微沸 5min 以赶尽 CO_2。冷却过滤后,用无 CO_2 的水洗至无酸反应(可用溴百里酚蓝指示剂检查,显蓝色)。每次用水量不要过多(约 100mL),等漏斗无水滴下时再加水。在滤液中加酚酞指示剂(每 10mL 滤液加指示剂 1 滴)3～4 滴,趁热用 0.5mol/L 的 NaOH 滴定至粉红色出现(或者发现红棕色浑浊),记下所用碱液体积。

12.1.4 结果计算

$$\text{土壤中 } CaCO_3 \text{ 含量}(\%)=\frac{(c_1V_1-c_2V_2)\times 0.050}{m}\times 100$$

式中：c_1 和 V_1——HCl 标准溶液的浓度(mol/L)和体积(mL)；

c_2 和 V_2——NaOH 标准溶液的浓度(mol/L)和体积(mL)；

m——烘干样品质量(g)

0.050——$1/2CaCO_3$ 的摩尔质量(kg/mol)。

12.2　土壤硫酸钙的测定：盐酸浸提——EDTA 滴定法

12.2.1　试剂配制

(1) 乙醇[$\varphi(C_2H_5OH)=70\%$]：量取 737mL 乙醇[$\varphi(CH_3CH_2OH)=95\%$，化学纯]，用水稀释至 1L。

(2) 1mol/L HCl 盐酸溶液：量取 83mL 盐酸(HCl，$\rho=1.19$g/mL，分析纯)稀释至 1L 水中。

(3) 氨水(1∶1)：浓氨水(NH_4OH，$\rho=0.88$g/mL，分析纯)和水等体积混合。

(4) 200g/L $(NH_4)_2CO_3$ 溶液：称取 200g 碳酸铵[$(NH_4)_2CO_3$，分析纯]溶于 1L 水中。

(5) pH=10 缓冲液：称取 33.75g 氯化铵(NH_4Cl，分析纯)溶于 150mL 水中，加氨水 285mL，用水稀释至 500mL。

(6) 钡、镁混合溶液：称取 3.66g 氯化钡($BaCl_2$，化学纯)和 1.02g 氯化镁($MgCl_2 \cdot 6H_2O$，化学纯)溶于水中，用水稀释至 1L。

(7) 混合指示剂：称取 0.5g 酸性铬蓝 K，1g 萘酚绿 B 与 100g 氯化钠(NaCl，分析纯)在研钵中磨细混匀。

(8) 0.01mol/L EDTA 标准溶液：称取 3.72g EDTA 二钠盐($C_{10}H_{14}O_8N_2Na_2 \cdot 2H_2O$，分析纯)溶于无二氧化碳蒸馏水中，稀释至 1L。用钙或镁标准溶液标定其准确浓度。

12.2.2　测定原理

土壤经乙醇洗除可溶性硫酸盐后，用稀盐酸浸提石膏，浸出液经沉淀铁、铝及钙以后，再加入过量的钡用 EDTA 滴定，计算石膏含量。

12.2.3　测定步骤

(1) 浸提。称取含石膏土壤 1.00～2.00g 风干土(通过 60 目筛)，精确至 0.01g，置于离心管中，用 70% 乙醇洗至无 SO_4^{2-}(用氯化钡检查)，每次洗涤液弃去。加 20mL 的 1mol/L HCl，充分搅拌，赶尽二氧化碳。平衡后离心，清液倒入 200mL 容量瓶中，提取 2～3次，向容量瓶中滴加 1∶1 氨水，至铁、铝沉淀出现，再加 10mL 碳酸铵溶液，用水定容，摇匀，放置过夜。

(2) 沉淀。吸取清液两份各 20mL 于 200mL 三角瓶中，用 1mol/L 盐酸调节至 pH 值为 1～2,并在电炉上煮沸,其中一份加钡、镁混合液 5mL,继续煮沸 2min,取下放置过夜。

(3) 滴定。第二天向沉淀好的一份中加 pH10 缓冲溶液 5mL 和混合指示剂 2 滴,用 EDTA 标准溶液滴定其中钙、镁。

12.2.4 结果计算

$$\text{土壤中石膏}(CaSO_4 \cdot 2H_2O)\text{的含量}(\%) = \frac{c \times [V_0 - (V_1 - V_2)] \times ts \times 0.172}{m} \times 100$$

式中:c——EDTA 标准溶液的浓度(mol/L);

V_0——空白对照液滴定的 EDTA 标准溶液的体积(mL);

V_1——待测液滴定的 EDTA 标准溶液的体积(mL);

V_2——待测液中钙、镁滴定的 EDTA 标准溶液的体积(mL);

0.172——石膏($CaSO_4 \cdot 2H_2O$)的摩尔质量(kg/mol);

m——烘干样品的质量(g);

ts——分取倍数。

13　土壤硅、铁、铝元素的测定

13.1　土壤矿物胶体样品的制备：虹吸法

13.1.1　试剂配制

(1) 60g/L H_2O_2 溶液：取 20mL 过氧化氢[$\omega(H_2O_2)\approx 30\%$，化学纯]加水 80mL。

(2) HCl(1∶9)溶液：1 份浓盐酸(HCl，$\rho\approx 1.19$g/cm，分析纯)，加 9 份水混合。

(3) 0.2mol/L HCl 溶液：取 25mL 浓盐酸(化学纯)，用水稀释至 1.5L。

(4) 0.05mol/L HCl 溶液：取 6.25mL 浓盐酸(化学纯)，用水稀释至 1.5L。

(5) 20g/L Na_2CO_3 溶液：称取 20g 无水碳酸钠(分析纯)，溶于水稀释至 1L。

(6) pH＝10 缓冲液：称取 33.75g 氯化铵(NH_4Cl，分析纯)溶于 150mL 水中，加入 285mL 浓氨水(NH_4OH，$\rho\approx 0.88$g/cm，含 NH_3 250g/L，分析纯)，用水稀释至 500mL，贮于塑料瓶中，并注意防止吸收空气中的 CO_2。

(7) 铬黑 T 指示剂：溶解 0.1g 铬黑 T 于甲醇 100mL 中，贮于棕色瓶中备用，此液每月配置一次。

(8) HNO_3(1∶10)溶液：1 份浓硝酸(HNO_3，$\rho\approx 1.42$g/cm，分析纯)，加 10 份水，混合。

(9) 20g/L $AgNO_3$ 溶液：称取 2.00g 硝酸盐($AgNO_3$，分析纯)溶于水，定容至 100mL。

13.1.2　测定原理

风干土样去除有机质和碳酸盐以后，用分散剂使之成悬液，按司笃克斯定律计算黏粒的沉降时间，用虹吸管反复吸取黏粒部分，经 105℃烘干即成；如果鉴定为黏土矿物质，烘干温度宜在 50℃。

13.1.3　测定步骤

(1) 去有机质。称取 30g 风干土样(2mm)[注1]放在 400mL 高型烧杯中，加少量水润湿，加入过氧化氢溶液 50mL，并小心用带橡皮头的玻璃棒搅拌，以加速氧化(如果氧化强烈，发生大量气泡，可滴加异戊醇以防止泡沫溢出）。如有机质含量多（大于 40g/kg）时，必须用过氧化氢溶液反复处理（每次约 20mL），补加过氧化氢溶液前，应适当加热，一方面加速有机质氧化，另一方面使样液适当浓缩。待反应减弱时再滴加过氧化氢，直至样品中有机质氧化完全为止。有机质氧化完全的标志是补加过氧化氢后，烧杯中不再产生气泡。过量过氧化氢用加热煮沸法除去，并将体积浓缩至 30mL 左右。

(2) 除去无机黏结物（尤其是 $CaCO_3$）。土壤中有许多无机盐，如 $CaCO_3$、$Ca(OH)_2$、$Mg(OH)_2$、$Fe(OH)_3$、$Al(OH)_3$ 等都有胶结作用，使土壤黏粒相互黏合在一起成为大于 0.002mm 的颗粒。为了使小于 0.002mm 的土粒分开成单粒，在除去有机黏结剂（有机质）后，还需用盐酸去除这类无机黏结物。方法是：分次向盛有已除去有机质的样品的烧杯中加入 0.2mol/L HCl 溶液 100mL，搅动后静置，通过 9～11cm 平瓷漏斗倾出上清液。为避免烧杯中盐酸浓度降低，需不断倾去上清液，反复处理（一般 2～3 次），直至无 CO_2 气泡发生。此时土壤具备一定分散性，澄清较慢或不易澄清。经上述处理后样品移至平底瓷漏斗上，再继续用 0.05mL/L HCl 溶液处理，抽吸过滤，直至滤液中无 Ca^{2+} 为止。随后用水洗 Cl^-，抽吸过滤，直至滤液中无 Cl^- 为止[注2]。

检查 Ca^{2+} 的方法：用一白瓷比色板接收滤液数滴（3～4 滴），加 pH10 缓冲液 2～3 滴，加铬黑 T 指示剂 1 滴，若显蓝色，表示无 Ca^{2+} 存在，否则应继续用 0.05mL/L HCl 溶液淋洗。

检查 Cl^- 的方法：用试管收集约 5mL 滤液，滴加 HNO_3(1：10)溶液 5 滴使之酸化，加 20g/L $AgNO_3$ 溶液 2 滴，若无白色氯化银沉淀，表示无 Cl^- 存在，然后将土样继续抽干，直到能把土样成片脱下为止。

(3) 悬液的制备。将已除去有机质和无机胶结物的样品[注3]移入 500mL 锥形瓶中，加水 200mL 和碳酸钠溶液（分散剂）50mL，在电热板上加热，并不断搅拌，沸腾 15min，使样品充分分散。冷却后将土液通过 0.20mm 小铜筛，用水洗入 1L 高型烧杯中，直至洗出液无混浊，并弃去筛上粗粒。在烧杯外壁距杯底 5cm 和 15cm 处各划一条线，加水至 15cm 处，将烧杯放在室温比较恒定的地方。

(4) 黏粒的提取。依照土壤颗粒在静水中的沉降原理计算或查表。根据室温，每次沉降过程中，均需测记液温 3 次以上，取其平均值，确定小于 0.002mm 颗粒沉降至 10cm 处所需的时间（表 1－3）。用带橡皮头玻璃棒搅拌 1～2min，使 1L 高型烧杯中悬液均匀分布。在停止搅拌前再反方向搅拌数次，以阻止悬液继续旋转。搅拌一停止，即为沉降开始时间，记录该时间并盖上表面皿。在规定吸取时间前 30s 将吸管轻轻插入 1L 高型烧杯中，使吸管嘴对齐距杯底 5cm 的划线处，用真空泵抽气，将悬液吸入 5L 试剂中或虹吸入另一个烧杯中。

再向高型烧杯中加碳酸钠溶液分散剂，调节悬液至 pH 值为 8～9[注4]，再加水使液面到 15cm 处，按上法反复进行分散、定容、搅拌、沉降、吸收等步骤[注5]，直至在规定的时间，在液面下 10cm 内的悬液几乎全部澄清为止[注6]。

表 1－3　土壤黏粒(<0.002mm)提取静置时间表

温度(℃)	静置时间			温度(℃)	静置时间		
	时(h)	分(min)	秒(s)		时(h)	分(min)	秒(s)
4	12	6	4	18	8	8	52
5	11	43	49	19	7	56	51
6	11	22	30	20	7	45	9
7	11	1	39	21	7	34	2
8	10	42	12	22	7	23	16
9	10	23	40	23	7	13	5
10	10	6	3	24	7	2	47
11	9	48	47	25	6	53	24
12	9	32	31	26	6	44	2
13	9	17	15	27	6	35	9
14	9	2	26	28	6	26	30
15	8	47	55	29	6	18	3
16	8	34	29	30	6	10	13
17	8	21	31				

注：所列时间为 0.002mm 颗粒在静水中沉降 10cm 所需要的时间，颗粒密度均按 2.65g/cm 计。

向盛有吸出的胶体悬液的 5L 试剂瓶中，滴加 HCl(1∶9)溶液中和碳酸钠，边加边搅拌，直至分散的悬液出现凝絮为止，静置，将上清液倾出，把凝絮物移至 9～11cm 的平底瓷漏斗中抽气过滤，并用水洗至无 Cl^- [注7]。然后继续抽干，使黏粒成片脱开。将黏粒泥片放在瓷蒸发皿中，在 50℃或 150℃烘箱中烘干，再在玛瑙研钵中研细，过 0.149mm 筛或研磨成薄片状，装瓶备用。供土壤矿物质和黏粒矿物质元素的测定。

13.1.4　注意事项

注 1：称样量应根据样品黏粒含量而定。土壤悬液的浓度一般应该控制在 3%以下，以保证土粒自由沉降，符合司笃克斯定律。

注 2：有些土壤特别是黏重的土壤，在洗涤 Cl^- 过程中，其滤液常出现浑浊，这是因为电解质洗去后土壤趋于分散，此种情况表明土壤中含有 Cl^- 极少，应停止洗涤，以免胶粒损失。

注 3：若为酸性土壤，且有机质含量又少，如红壤的 B、C 层，操作步骤中的(1) 和(2)可以省略，加盖土壤直接进行分散。

注 4：样品分散时，悬液的 pH 过低则会分散不完全，过高又会影响胶体性质。

注 5：沉降过程应在恒温或温度变化比较小的条件下进行，以避免紊流。

注 6：在吸收悬液时，吸管放入应轻而平稳，切勿搅动下部土粒，防止大于 0.002mm

的颗粒混入胶体一并吸出。

注 7:土壤胶体在烘干前,应将电解质洗净。

13.2 样品的熔融与提取:碳酸钠熔融法

13.2.1 试剂配制

(1) 无水碳酸钠(Na_2CO_3,分析纯),用时烘干磨细过 1mm 尼龙筛。

(2) HCl(1∶1)溶液:浓盐酸(HCl,$\rho \approx 1.19$g/cm,质量 37%,分析纯)与水等体积混合。

13.2.2 测定原理

土壤是多种矿物质的混合物,如石英、长石、云母等都是难溶性硅酸盐。以无水碳酸钠熔融样品时,土壤中的 Fe、Al、Mn、Ti、K、Na、Ca、Mg、P 等矿质元素均成为可溶性盐类,Si 则成为可溶态的硅酸钠,再用盐酸提取,使各种矿质元素成为氯化物盐类,从而被提取到溶液中,作为系统分析的待测液用。

13.2.3 测定步骤

称取 0.149mm 的烘干土壤(或矿物胶体)样品 0.5～1g(精确至 0.000 1g)[注1],放在铺有磨细碳酸钠的铂坩埚中,另用粗天平称取无水碳酸钠 4～8g[注2](为样品质量的 8 倍,含 Fe、Al 多者应多加),置于黑色油光纸上。将碳酸钠的 7/8 分为数次加入铂坩埚中,每次加入后用短小圆头玻璃棒小心搅拌[注3],使样品与溶剂混合均匀,然后将坩埚在台面上轻弹几下,使坩埚内混合物压实。再用留下的 1/8 的碳酸钠擦洗玻璃棒,并平铺在坩埚混合物表面。若油光纸上有散失的粉末,一起倒入坩埚内,盖上坩埚盖。

将坩埚放入高温电炉中,先在 500～600℃加热约 10min,然后升温到 900～920℃熔融 30min,取出趁热观察,如果内容物成凹形,表面均匀一致,中间无气泡和不溶物,表示溶解完全。若有白色原状碳酸钠粉末或其他颗粒存在,或熔融物凹凸不平或出现小孔时都说明未溶解完全,可继续熔融 15～20min,直至完全溶解。

溶解好后趁热用坩埚钳夹住坩埚,转动,使熔物凝固在坩埚周围的壁上,尽量减少熔物留在坩埚底部。但熔物不要超过坩埚壁高的 1/2,这样有利于干锅内熔物的取出。然后将熔块倒入 250mL 烧杯(或带把瓷蒸发皿中)[注4],用少量热水和 HCl(1∶1)溶液洗净坩埚[注5],用带橡皮头的玻璃棒擦洗坩埚壁,所有洗液应倒入原烧杯中,同时注意盖上表面皿,以防大量 CO_2 气体发生时使溶液溅出杯外。

向加盖烧杯中慢慢地加入 20mL 的 HCl(1∶1)溶液[注6](如用碳酸钠 4g,熔融时加 HCl(1∶1)溶液 20mL,碳酸钠用量增大时,盐酸用量也要相应增加),使熔块溶解,此时有大量CO_2气冒出，不可随便挪移表面皿，将烧杯置于通风橱内4～8h，使熔块完全溶解。此烧杯中的内溶物即可用于矿物元素测定(待测液A)。

如果遇到难于取出的熔块时，将坩埚放在烧杯中，加足量水将熔块淹没，加热使熔块松散分离。盖上表面皿，从烧杯嘴处缓缓分次加HCl(1∶1)溶液，等泡沫消失后再继续加HCl(1∶1)溶液，以防产生大量CO_2气泡爆破溅出或溢出烧杯。必要时加1mL乙醇[$\omega(CH_3CH_2OH)=95\%$，分析纯]。用带橡皮头的玻璃棒擦洗坩埚使熔块分离，加热使熔块分解。取出坩埚，并用水冲洗，即得待测液A。

如烧杯中还有未溶熔块，可将烧杯放在水浴上加热，盖上表面皿，直到熔块完全溶解为止。这时溶液应呈酸性，否则应再加HCl(1∶1)溶液直到酸性。此时，烧杯中液体因有SiO_2液体絮状颗粒而呈浑浊。

13.2.4　注意事项

注1：分析土壤胶体样品，一般只测定硅、铁、铝时，称样可少于0.5g。

注2：对黏性较重或强盐基性的土壤样品，碳酸钠的用量可略为增多。有机质和还原物质含量很高的土样，必须先在电炉上经600～700℃开盖灼烧进行氧化，否则对铂坩埚有影响。

注3：用玻璃棒搅拌时，不能用力过猛，以免坩埚内粉末飞扬造成损失。搅拌时必须注意坩埚壁四周和中间要混匀，否则熔融不好，熔块不易取出。搅拌的玻璃棒必须圆滑，以免损伤铂坩埚。

注4：若熔块底部有黑色斑点，则说明因搅拌不均匀而熔融不完全，应重新称样熔化。

注5：如果含MnO_2较高，熔块常会呈现绿色，在用水和稀HCl洗坩埚前应加几滴95%的乙醇，以还原高价锰，防止盐酸被氧化成氯气损害铂坩埚。

注6：如加浓盐酸溶解熔块，往往在熔块表面形成一层SiO_2薄膜，它阻止熔块继续溶解，故通常加HCl[(1∶1)或(1∶2)]。

13.3　土壤全硅的测定：质量法

13.3.1　试剂配制

(1) 10g/L动物胶溶液：称取动物胶(明胶)1g溶于70℃的100mL水中(现配)。

(2) 200g/L KCNS溶液：20g硫氰酸钾(KCNS，化学纯)溶于水中，稀释至100mL。

(3) 浓HCl($\rho\approx1.19$g/cm，分析纯)。

13.3.2　测定原理

样品经碳酸钠熔融、盐酸溶解熔块，将溶液蒸发至湿润状态的盐类，在浓盐酸介质中，加入动物胶凝聚硅酸，使硅酸脱水成二氧化硅沉淀，然后过滤以与其他元素分离。沉淀经920℃灼烧，称量，即得二氧化硅含量。

动物胶是一种蛋白质，在酸性介质中呈如下变化：

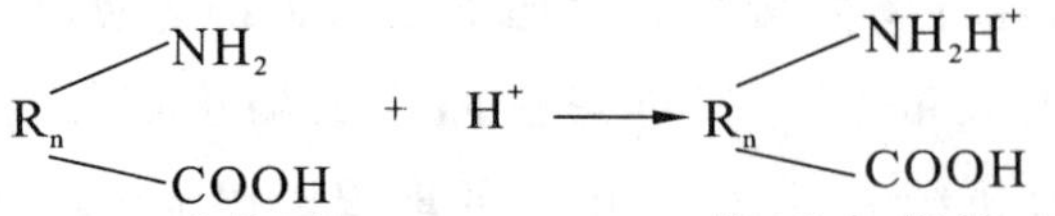

动物胶　　带正电荷的动物胶

在酸性介质中，硅酸的质点是亲水性很强的胶体，带负电荷。动物胶在酸性介质中由于其质点吸附了氢离子而带正电荷。当温度在70℃时，这两种胶体就互相吸引，且正负电性中和，使二氧化硅迅速凝聚沉淀。动物胶凝聚硅酸进行脱硅的条件与盐酸浓度、温度以及动物胶的用量有关。一般要求盐酸浓度在8mol/L以上，温度控制在70℃左右为宜，如低于60℃或高于80℃均不能使硅酸凝聚完全。

13.3.3　测定步骤

按13.2.3节的规定，待烧杯中的熔块完全溶解后，用少许水冲洗表面皿及烧杯内四周，将烧杯的1/2～1/3浸入预先加热的沸水浴锅中，在通风柜内进行蒸发，一直蒸至湿盐糊状[注1]，加20mL浓HCl，搅拌后放置过夜；或者在水浴上80～90℃保温20min，即可进行下一步测定。

将现配制的新鲜动物胶溶液[注2]置于烧杯中，与待测液一起放入水浴锅中，并使溶液温度保持70℃(用温度计插入动物胶溶液中测量)，然后在每个待测液中沿烧杯壁加入动物胶溶液10mL，并搅拌数次，在70℃温度下维持10min，以便使脱硅完全。

将烧杯取出，趁热用倾斜法以快速无灰滤纸过滤，再用热水或稀盐酸洗至无Fe^{3+}反应为止(用硫氰酸钾溶液进行检查，如无红色则为无高铁)[注3]，滤液承接于250mL容量瓶中，冷却后用水定容(即得待测液B)，作为铁、铝、钙、镁、钾、磷等系统分析的待测液。

将漏斗中的沉淀物连同滤纸包好，放入已称至恒重的铂坩埚(或瓷坩埚)内。然后放在通风橱中的电炉上由低温到高温进行灰化处理[注4]。开始温度不宜太高，赶去水分后待其冒烟，然后揭去盖子，使其充分氧化，赶走CO_2，不冒黑烟后再升高温度，使黑色碳末全部转变成白色或灰白色。

将坩埚外部擦净，放入高温电炉中经900～920℃灼烧30min[注5]，取出稍冷后放入干燥器中平衡20min，在分析天平上称至恒定质量[注6]，两次称量相差不超过0.3mg即可，否则应再次灼烧、称量。同时作空白试验。

13.3.4　结果计算[注7]

$$土壤中全硅(SiO_2)含量(g/kg)=(m_2-m_1-m_0)\times 1\,000/m$$

式中：m_0——空白质量(g)；

m_1——空坩埚质量(g)；

m_2——灼烧后坩埚加二氧化硅质量(g)；

m——烘干土样品质量(g)。

13.3.5 注意事项

注 1:在水浴中浓缩时只能蒸至湿盐(糊状),切勿蒸干,否则会形成不溶解的铁、铝、锰的碱性盐,使二氧化硅结果偏高。若发生这种情况,可以用王水处理。所谓湿盐是指烧杯里的盐类呈稀的浆糊状,用玻璃棒搅拌时能搅动,而绝无粉末出现。

注 2:动物胶溶液必须在 70～75℃时新鲜配制,因动物胶在 70℃时活力最强,高于 80℃和低于 60℃均会降低其活力。

注 3:在沉淀 SiO_2 时,在烧杯壁或底及玻璃棒上均黏附有少量胶体是不可避免的,一般用 1/4～1/8 滤纸分次擦洗黏附处,并把滤纸归入沉淀中,空白也同样处理,这样可以减少 SiO_2 的损失。

注 4:灰化过程中不能抽风,以免碳粒飞失,低温灰化时温度不能太高,以免滤纸着火,致使二氧化硅被带出,造成损失。

注 5:用铂坩埚灰化必须一次完成,不能放置时间过长,盖子有黑色碳粒必须烧尽,否则对铂坩埚有影响。

注 6:灼烧后的二氧化硅吸湿性强,冷却后应立即称量。

注 7:平行测定结果允许绝对相差小于或等于 2.0g/kg。

13.4 土壤全铁的测定:邻菲罗啉比色法或 AAS 法

13.4.1 试剂配制

(1) 100g/L 盐酸羟胺溶液:称 10g 固体盐酸羟胺($NH_2OH \cdot HCl$,化学纯)溶于水中,定容至 100mL。

(2) 邻菲罗啉显色剂:称 0.1g 固体邻菲罗啉溶于 100mL 水中,若不溶可略加热。

(3) 100g/L 乙酸钠溶液:称取 10g 乙酸钠($CH_3COONa \cdot 3H_2O$,分析纯)溶于水中,定容至 100mL。

(4) 100μg/L 铁(Fe)标准溶液:准确称取 0.100 0g 纯金属铁粉(光谱纯)溶于稀盐酸中,加热溶解,冷却后洗入 1L 容量瓶中,定容。

13.4.2 测定原理

以盐酸羟胺为还原剂,将三价铁还原为二价铁,在 pH 值为 2～9 的范围内,二价铁与邻菲罗啉反应生成橙红色的配合物$[Fe(C_{12}H_8N_2)_3]^{2+}$,借此进行比色测定。其反应如下:

$$4FeCl_3 + 2NH_2OH \cdot HCl \rightarrow 4FeCl_2 + N_2O + 6HCl + H_2O$$

$$Fe^{2+} + 3C_{12}H_8N_2 = [F_6(C_{12}H_8N_2)_3]^{2+}\text{(橙红色)}$$

该反应对 Fe^{2+} 很灵敏，形成的颜色至少可以保持 15d 不变。当溶液中有大量钙和磷时，反应酸度应大些，以防 $CaHPO_4 \cdot 2H_2O$ 沉淀的形成。用邻菲罗啉比色法测铁，几乎不受土壤中其他离子的干扰[注1]，但高氯酸盐则会生成高氯酸邻位二氮杂菲($C_{12}H_8N_2 \cdot HClO_4$)产生干扰。

在显色溶液中铁的含量在 0.1～6mg/mL 时符合比尔定律，波长 530nm。

13.4.3　测定步骤

(1) 吸取 1～5mL[注2]脱硅后的系统分析待测液，移入 50mL 容量瓶中。加少量水冲洗瓶颈，加入 1mL 盐酸羟胺溶液[注3]，摇匀后加乙酸钠溶液 8mL，使溶液的 pH 值为 5，再加邻菲罗啉显色剂 10mL 进行显色，定容，30min 后在分光光度计上选用 530nm 波长，1cm 光径比色皿测定吸收值(A)。

(2) 工作曲线的绘制：准确吸取 100μg/mL 铁(Fe)标准溶液 0mL、0.5mL、1mL、1.5mL、2mL、2.5mL，分别置于 6 个 50mL 容量瓶中(此液含铁量分别为 0μg/mL、1μg/mL、2μg/mL、3μg/mL、4μg/mL、5μg/mL(Fe)，加少量水冲洗瓶颈，然后按待测液显色步骤进行显色，测定吸收值(A)，以吸收值作为纵坐标，以铁(Fe)浓度作为横坐标，在方格纸上绘制工作曲线，再以待测液中铁的吸收值在工作曲线上查得相应的 μg/mL 值，或输入电子计算器求出一元线性回归方程，计算出 μg/mL 值。

13.4.4　结果计算[注4]

$$\text{土壤全铁}(Fe_2O_3)\text{的含量}(g/kg) = \rho \times V \times ts \times 1.4297 \times 1\,000 \times 10^{-6}/m$$

式中：ρ——从工作曲线中查得铁(Fe)的浓度(μg/mL)；

V——显色液体积(50mL)；

ts——分取倍数，脱硅后系统分析待测液体积(mL)/测定时吸取待测液体积(mL)；

1.429 7——由铁换算成 Fe_2O_3 的系数；

m——烘干土样品质量(g)；

10^{-6}——将 mg 换算成 g 的除数。

13.4.5　注意事项

注 1：干扰物质的限制：五氧化二磷 20mg/mL、氟化物 500mg/mL 以下没有干扰，少量氯化物和硫酸盐没有干扰。如果高氯酸盐含量较高，则生成高氯酸邻位二氮菲，发生干扰。

注 2：吸取待测液的量应根据含铁量而定，尤其是胶体样品不宜多取(可根据脱硅后的系统待测液的黄色深浅而定)。

注 3:本法的关键是所加的试剂不能颠倒,必须是先加还原剂,然后加缓冲液,最后加显色剂。另外所加的试剂量应随比色体积的增减而增减。

注 4:平行测定结果允许绝对相差小于或等于 1.5g/kg。

13.5 土壤全铝的测定:EDTA 容量法

13.5.1 试剂配制

(1) 20g/L 二甲酚橙指示剂:二甲酚橙 2g 溶于 100mL 水中。

(2) pH=6 乙酸-NH_4OAc 缓冲溶液:60gNH_4OAc 和 2mL 冰乙酸溶于水后,定容到 1L。必要时可用稀乙酸和稀氨水调节 pH 值(用酸度计调测)。

(3) 0.015 0mol/L EDTA 标准溶液:称取 5.580g EDTA 二钠盐($C_{10}H_{14}O_8N_2Na_2 \cdot 2H_2O$,分析纯),用无 CO_2 水溶解,定容到 1L,并用钙标准溶液标定,若精确称取可不必标定。

(4) 1 000μg/mL 铝标准溶液:准确称取 0.250 0g 经 700℃灼烧过的 Al_2O_3,放入加有 3g 无水碳酸钠的铂坩埚中,搅拌均匀,在高温电炉中经 1 000℃熔融 1h[注1],取出稍冷,小心捏动坩埚四壁,使熔块与坩埚分离。然后将熔块移入烧杯中,用少量水浸取熔块,加 30mL 浓 HCl 溶解熔块,待溶液清亮后移入 250mL 容量瓶中定容。

(5) 0.0150mol/L 乙酸锌标准溶液:称取乙酸锌[$Zn(CH_3COO)_2 \cdot 2H_2O$,分析纯] 3.3g,加冰乙酸 1~2 滴,定容到 1L(必要时过滤),用下述方法进行标定。

吸取 10mL 的 0.015 0mol/L EDTA 标准溶液,加 1 滴二甲酚橙指示剂,用氨水(1∶1)调到紫色,再用 1mol/L HCl 溶液调到黄色,加 pH6 缓冲溶液 5mL,用待标定的乙酸锌溶液滴定到微紫色,计算其浓度。

吸取 10mL 的 1 000μg/mL 铝(Al_2O_3)标准溶液 3 份分别于 3 个 250mL 三角瓶中,按样品分析手续进行标定,计算出每毫升乙酸锌相当于 Al_2O_3 的克数(滴定度)[注2]。

(6) 1g/L 对硝基酚指示剂:0.1g 对硝基酚溶于 100mL 水中。

(7) 200g/L 氟化钾溶液:称取 200g 氟化钾($KF \cdot 2H_2O$,分析纯)溶于水中,稀释至 1L,贮于塑料瓶中。

(8) NH_4OH(1∶1)溶液:浓氨水[$\rho(NH_4OH) \approx 0.88$g/mL,分析纯]和水等体积混合。

(9) HCl 溶液(1∶1)溶液:浓盐酸(HCl,$\rho \approx 1.19$g/cm,分析纯),与水等体积混合。

13.5.2 测定原理

待测液中加入过量的 EDTA,在 pH=6 的条件下加热煮沸,EDTA 即与铁、铝、钛等元素配合,用锌盐回滴过量的 EDTA。再加入氟化钾进行煮沸,则氟化钾将与铝、钛配合的 EDTA 取代到溶液中来,再用标准锌盐滴定释放出来的 EDTA。反应式如下:

加 EDTA 时：　$Al^{3+}+H_2Y^{2-}=AlY^{-}+2H^{+}$

$Ti^{4+}+H_2Y^{2-}=TiY+2H^{+}$

加氟化钾时：　$AlY^{-}+6KF \rightarrow K_3AlF_6+3K^{+}+Y^{4-}$

$TiY+6KF \rightarrow K_2TiF_6+4K^{+}+Y^{4-}$

用锌盐滴定时：　$Y^{4-}+Zn^{2+} \rightarrow ZnY^{2-}$

滴定达到终点时：　$Zn+In \rightarrow ZnIn$（橙红色）

式中：Y——代表 EDTA；

In——代表二甲酚橙指示剂；

AlY^{-}（TiY）——代表 EDTA 与铝（钛）所形成的无色化合物。

由于在 pH=6 的条件下氟化钾取代配合的选择性很强，只能将与铝、钛配合的 EDTA 取代出来，而不能将与铁、铜、铅、锌等金属配合的 EDTA 取代出来，故它们不干扰测定。因此所测得的结果是铝、钛含量，只需减去钛量即得铝量。

13.5.3　测定步骤

吸取 13.3.3 节中脱硅后的待测液（待测液 B）20mL 于 250mL 三角瓶中，煮沸 1～2min 以破坏动物胶。然后加 EDTA 标准溶液 25mL，加水 70mL，加热至 80～90℃，再加对硝基酚指示剂 3 滴，用 NH_4OH（1∶1）调至黄色，再用 1mol/L HCl 溶液调到无色[注3]，加 pH=6 缓冲溶液 12mL，放入沸水浴中煮 10min[注4]，冷却，再加二甲酚橙指示剂 6 滴，用乙酸锌标准溶液滴定到刚变红紫色（此次滴定不必记用量）。

用塑料量筒加入氟化钾溶液 10mL，摇匀，再在沸水浴中加热煮 5min，取出冷却至室温，补加二甲酚橙指示剂 6 滴，再用乙酸锌标准溶液滴定至刚变红紫色[注5]，记下乙酸锌溶液的用量毫升数（V）。

13.5.4　结果计算[注6]

$$\text{土壤全铝}(Al_2O_3)\text{的含量}(g/kg)=(c\times V\times ts\times 50.98\times 10^{-3}\times 10^{6}/m)-TiO_2(g/kg)\times 0.6381$$

式中：c——乙酸锌标准溶液的浓度（mol/L）；

V——滴定时消耗乙酸锌标准溶液的体积（mL）；

ts——分取倍数，脱硅后待测液总体积（mL）/吸取待测液体积（mL）；

m——样品烘干质量（g）；

50.98——（$1/2Al_2O_3$）的摩尔质量（g/mol）；

TiO_2（g/kg）——土壤 TiO_2 的含量（g/kg）；

10^{-3}——将 mL 换算为 L；

10^{6}——将克换算为毫克及换算为千克土；

0.638 1——将 TiO_2 换算为相当于 Al_2O_3 量的换算系数。

13.5.5 注意事项

注1:三氧化铝(Al_2O_3)试剂在酸溶液中不易溶解,必须用无水碳酸钠熔融,但在熔融时温度低了不易熔好。同时 Al_2O_3 吸水性极强,故必须经烧去吸湿水后才能称量。

注2:用铝(Al_2O_3)标准溶液标定乙酸锌溶液的作用,在于校正系统分析中的误差,使分析结果更切合土壤中铝的实际含量。因此在结果计算中可以用乙酸锌标准溶液对 Al_2O_3 的滴定度(T,g/mL)代替乙酸锌溶液的浓度 c(mol/L)。

注3:中和时如有沉淀析出,表明加入 EDTA 的量不够,应用盐酸溶解,补加 EDTA,重新调节 pH 值。

注4:被滴定的溶液不能在电炉上煮沸,否则容易喷溅。

注5:两次锌盐滴定终点的颜色应一致,否则影响结果的重现性。

注6:平行测定结果允许绝对相差小于或等于 1.5g/kg。

13.6 全钛的测定:二安替比林甲烷比色法

13.6.1 试剂配制

(1) 二安替比林甲烷溶液:称取 2.5g 二安替比林甲烷溶于 100mL HCl(1∶5)溶液中(天冷可微热溶解)。

(2) 抗坏血酸溶液:称 2.0g 抗坏血酸溶于 100mL 水中(现用现配)。

(3) HCl(1∶1)溶液。

(4) HCl(1∶5)溶液。

(5) 1 000μg/mL 钛(TiO_2)标准贮备溶液:称取 0.500 0g 预先经高温灼烧的 TiO_2 于铂坩埚或光滑的瓷坩埚中,加入 8g 焦硫酸钾,于高温电炉中从低温逐渐升温至 700℃熔融 20min 后,取出稍冷,放于 400mL 烧杯内,用 HCl(1∶1)溶液 40mL 加热溶解,以稀 HCl(1∶5)溶液洗净坩埚,将烧杯置于电炉上,加热煮沸至清亮,移入 500mL 容量瓶中,用 HCl(1∶1)溶液定容。

(6) 30μg/mL TiO_2 标准溶液:将上述标准贮备溶液稀释成 30μg/mL TiO_2 标准溶液备用。

13.6.2 测定原理

在酸性介质中[注1],二安替比林甲烷与钛离子生成黄色配合物,颜色稳定,最大吸收波长为 390nm。土壤或胶体样品中的钛经碱熔或酸分解进入溶液,即可进行测定。高浓度的铁对显色有干扰,可加抗坏血酸还原消除[注2]。

13.6.3 测定步骤

吸取13.3.3节中脱硅的待测液5.00mL(待测液B)于50mL容量瓶中,加水至20mL,加抗坏血酸溶液5mL,摇匀,加盐酸(1∶1)溶液8mL,摇匀,再加入二安替比林甲烷溶液10mL,用水定容,1h后用1cm光径比色皿在波长390～450nm处测量其吸光度[注3]。同时作空白试验。

工作曲线的绘制:分别吸取30μg/mL钛(TiO_2)标准溶液0.0mL、1.0mL、2.0mL、3.0mL、4.0mL、5.0mL分别于6个50mL容量瓶中,同样品分析手续进行显色,即$\rho(TiO_2)$分别为0.0μg/mL、0.6μg/mL、1.2μg/mL、1.8μg/mL、2.4μg/mL、3.0μg/mL标准系列溶液,与样品同样条件比色,读取吸光度值,绘制工作曲线。

13.6.4 结果计算[注4]

$$\text{土壤全钛}(TiO_2)\text{的含量}(g/kg)=\rho\times V\times ts\times 1000\times 10^{-6}/m$$

式中:ρ——显色液中TiO_2质量浓度(μg/mL);

V——显色液体积(50mL);

ts——分取倍数(250/5);

m——样品烘干质量(g);

10^{-6}——将μg换算成g。

13.6.5 注意事项

注1:显色可在盐酸或硫酸介质中进行,硝酸及高氯酸介质不适宜。酸的浓度范围在0.5～4mol/L,其吸光度无显著变化。在常温下黄色配合物显色45min后,颜色达最大强度,数天内稳定不变。

注2:抗坏血酸能有效掩蔽铁的干扰,在50mL溶液中,10g/L抗坏血酸溶液1mL能掩蔽10mg铁。铬、钒因本身有颜色而干扰测定,但加入抗坏血酸还原为低价后不发生干扰。在此测定条件下,5mg铜和镍及大量的铝、钙、镁、锰、锌、锡、硼酸根、硫酸根均不干扰测定。

注3:显色温度如低于10℃,须显色2h后测定。

注4:平行测定结果允许绝对相差小于或等于0.5g/kg。

13.7 土壤有效硅的测定:NH_4OAc浸提——硅钼蓝比色法

13.7.1 试剂配制

(1) pH4.0乙酸-乙酸钠缓冲液:量取49.2mL冰HOAc(分析纯),加14.0gNaOAc

(分析纯),加水溶解,稀释至1L。用1mol/L HOAc及1mol/L NaOH调节至pH4.0。

(2) 0.6mol/L($1/2H_2SO_4$)溶液:吸取16.6mL浓H_2SO_4(分析纯),缓缓加入到800mL水中,稀释至1L。

(3) 6mol/L($1/2H_2SO_4$)溶液:量取166mL浓H_2SO_4(分析纯),缓缓加入到800mL水中,稀释至1L。

(4) 50g/L钼酸铵溶液:称取50.00g钼酸铵[$(NH_4)_6Mo_7O_{24}\cdot 4H_2O$,分析纯],溶于水中,稀释至1L。

(5) 50g/L草酸溶液:称取50.00g草酸($H_2C_2O_4\cdot 2H_2O$,分析纯),溶于水中,稀释至1L。

(6) 15g/L抗坏血酸溶液:称取1.5g抗坏血酸(左旋,$C_6H_8O_6$,分析纯),用6mol/L $1/2H_2SO_4$溶解并稀释至100mL。此液需随用随配。

(7) 50μg/mL硅(Si)标准溶液:准确称取0.534 7g经920℃灼烧过的二氧化硅(SiO_2,分析纯),放于铂坩埚中,加入碳酸钠4g搅匀,在920℃高温电炉中熔融30min,取出稍冷,熔块用热水溶解,洗入500mL容量瓶中,定容后立即倒入塑料瓶中,即为500μg/mL Si标准贮备液[注1]。吸取此溶液50mL,定容至500mL,配制成硅标准溶液。

13.7.2 测定原理

用pH4.0乙酸-乙酸钠缓冲液作浸提剂,浸出的硅酸在一定的酸度条件下与钼试剂反应生成硅钼酸[注2],用草酸等掩蔽剂去除磷的干扰后,硅钼酸可被抗坏血酸等还原剂还原为硅钼蓝,在一定浓度范围内,蓝色深浅与硅含量成正比,可进行比色测定。

13.7.3 测定步骤

取通过2mm孔径筛风干土10.00g于250mL塑料瓶中,加入乙酸-乙酸钠缓冲液100mL,塞好瓶塞,摇匀,置于预先调节至40℃的恒温箱中保温5h[注3],每隔1h摇动一次,取出,过滤于三角瓶中,弃去最初滤液。

吸取滤液1～5mL[含硅(Si)10～125mg]于50mL容量瓶中,用水稀释至15mL左右,依次加入0.6mol/L($1/2H_2SO_4$)溶液5mL,在30～35℃下放置15min,加钼酸铵溶液5mL,摇匀后放置5min[注4],依次加入草酸溶液5mL和抗坏血酸溶液5mL[注5],用水定容,放置20min后在分光光度计上700nm波长处比色。同时作空白试验。

在样品测定同时,分别吸取50μg/mL硅(Si)0.00mL、0.25mL、0.50mL、1.00mL、1.50mL、2.00mL、2.50mL于50mL容量瓶中,用水稀释至约15mL,按上述步骤显色和比色测定。即为ρ(Si)分别为0.00μg/mL、0.25μg/mL、0.50μg/mL、1.00μg/mL、1.50μg/mL、2.00μg/mL、2.50μg/mL的硅标准系列浓度。建立回归方程,或以硅(Si)浓度为横坐标,吸收值为纵坐标,绘制工作曲线。

13.7.4 结果计算注6

$$土壤有效硅(Si)的含量(mg/kg)=\rho\times V\times ts/(m\times k)$$

式中：ρ——从标准曲线或回归方程得到的硅质量浓度(μg/mL)；

V——测定时定容体积(mL)；

ts——分取倍数；

m——风干土质量(g)；

k——水分系数。

土壤有效硅(SiO_2)含量(mg/kg)＝土壤有效硅(Si)的含量(mg/kg)×2.14

13.7.5 注意事项

注 1：硅(Si)标准溶液必须以碱性溶液保存在塑料瓶中。若以中性溶液贮存，硅的浓度将会随时间的延长而逐渐降低。

注 2：酸度对硅钼黄和硅钼蓝的生成稳定时间有很大影响。当硫酸溶液在 0.06～0.35mol/L ($1/2H_2SO_4$) 浓度范围内，硅钼黄颜色比较稳定；在 0.6～9.0mol/L ($1/2H_2SO_4$)浓度范围内，硅钼蓝颜色比较稳定。

注 3：浸提温度和时间对浸出的硅酸量有很大影响。要求浸提温度稳定在 40±1℃，浸提时间为 5h。

注 4：生成的硅钼黄的稳定时间受温度影响很大。因此从加入钼酸铵溶液到加入草酸溶液之间的时间间距应视温度而定。一般温度在 20℃左右时，时间间距应为 10min；15℃以下时，需放置 15～20min；而在 30℃以上时，不应超过 5min。本法中统一规定：在加入 0.6mol/L 硫酸溶液后于 30～35℃保温 15min，加入钼酸铵后摇匀放置 5min，以保证结果重现性好。

注 5：本法中用 Vc 代替硫酸亚铁铵作还原剂，使曲线直而稳定。

注 6：平行测定结果允许相对相差小于或等于 10%。

13.8 土壤有效铁的测定：DTPA 浸提——AAS 法

13.8.1 试剂配制

(1) DTPA 浸提剂(pH7.30)：其成分为 0.005mol/L DTPA－0.01mol/L $CaCl_2$－0.1mol/L TEA。准确称取 1.967gDTPA{二乙基三胺五乙酸，[$(HOCOCH_2)_2NCH_2\cdot CH_2]_2NCH_2COOH$，分析纯}溶于 14.92g TEA[三乙醇胺，$(HOCH_2CH_2)_3\cdot N$，分析纯](或 13.3mL)和少量水中；再将 1.47g 氯化钙($CaCl_2\cdot 2H_2O$，分析纯)(或 1.11g 无结晶水氯化钙)溶于水中，一并转入 1L 容量瓶中，加水至约 950mL，在 pH 计上用 6mol/L HCl

调节 pH 值至 7.30(每升浸提剂约需加 6mol/L HCl 8.5mL 或加入浓盐酸 4～5mL)，最后用水定容，贮存于塑料瓶中，几个月内不会变质。

(2) 100μg/mL 铁(Fe)标准溶液：同 13.4.1。

13.8.2　测定原理

中性或石灰性土壤有效铁常用 DTPA 溶液浸提，浸出液中的铁可以用原子吸收光谱法或比色法测定。

DTPA 是一种螯合剂，它与土壤溶液中游离的金属离子起作用，形成可溶性配合物，于是溶液中游离金属离子活性降低，附着在土粒表面的养分离子释放出来。土壤溶液中累积的被螯合金属元素的数量，与金属离子的最初活性，以及从土壤中补充这些金属元素的能力呈函数关系。这样，螯合物可以模拟植物根对营养元素的吸收和根际对这些元素的补充，用螯合剂提取的微量元素养分，代表了能被植物吸收的那一部分。

浸提液中加入氯化钙($CaCl_2$)，可使浸提液和土壤中的钙达到平衡，降低石灰性土壤中碳酸钙的溶解度，避免由于碳酸盐分解而释放出被碳酸盐封闭的那部分金属元素，而这部分在碳酸盐微粒表面上产生的金属元素沉淀是不易被植物利用的。浸提液中加入 TEA(三乙醇胺)，是因为它的 pH 值较高，可以抑制铁、锰的过量溶解。

用空气-乙炔火焰的原子吸收分光光度法直接测定浸提液中的铁，没有任何干扰，而且可以同时测定锌、铜和锰。对铁的最大吸收波长是 248.3nm，测定下限可达 0.01mg/LFe，最佳测定范围为 2～20mg/L Fe。

13.8.3　测定步骤

(1) 土壤有效铁的浸提：称取通过 2mm 孔径尼龙筛的风干土 25.0g[注1] 放入 150～180mL 塑料瓶中(没有塑料瓶也可以用 150mL 硬质玻璃三角瓶)，加 DTPA 浸提剂 50.0mL，在 20～25℃温度下振荡 2h(每分钟往复振荡 180 次)[注2] 立即过滤，滤液即可在原子吸收分光光度计上测定铁[注3]，选用波长 248.3nm[注4]。

(2) 工作曲线绘制：准确吸取 100μg/mL Fe 标准溶液 0.0mL、1.25mL、2.5mL、5.0mL、7.5mL、10.0mL 分别于 50mL 容量瓶中，用水或 DTPA 浸提剂定容。此为含铁 ρ(Fe) 0.0μg/mL、2.5μg/mL、5.0μg/mL、10.0μg/mL、15.0μg/mL、20.0μg/mL 的系列标准溶液，直接在原子吸收分光光度计上测定吸收值后绘制工作曲线。测定条件应与土壤样品测定时完全相同。

13.8.4　结果计算[注5]

$$\text{土壤有效铁(Fe)的含量(mg/kg)} = \rho \times 2$$

式中：ρ——测得的铁的质量浓度(μg/mL)；

2——液土比，浸提时浸提剂用量(mL)/风干土质量(g)。

13.8.5 注意事项

注 1:试样的采集和处理过程中应注意避免污染,采样工具、包装、贮存、风干和过筛应尽量避免使用金属制品,试剂也应该检验和纯化。

注 2:用 DTPA 溶液浸提石灰性土壤时,浸提条件必须标准化,即土样必须经过 2mm 尼龙筛,盛在 150~180mL 塑料瓶中,振荡频率 180 次/min,浸提温度 25℃左右,提取 2h,浸提剂 pH 值应为 7.30。

注 3:DTPA 浸提的有效铁可用邻菲罗啉比色法测定。

注 4:原子吸收光谱法测铁时,使用波长为 248.3nm 的共振线作为分析线。由于附近还有 248.8nm 和 249.1nm 两条强谱线,所以应极小心地调节测定所需的波长。

注 5:平行测定结果允许相对相差小于或等于 5%。

13.9 土壤活性铝的测定:氟化钾浸提——EDTA 容量法

13.9.1 试剂配制

同 13.5.1。

13.9.2 测定原理

用酸性草酸—草酸铵溶液(pH=3.2)浸提土壤中的活性氧化物,能使氢氧化铁、氢氧化铝、二氧化硅($SiO_2 \cdot nH_2O$)和氧化锰($MnO_2 \cdot nH_2O$)凝胶进入浸出液,而并不损坏土壤矿质部分。浸提液中的铝用氟化钾取代 EDTA 容量法测定。

13.9.3 测定步骤

(1) 活性铝待测液的制备:称取通过 0.25mm 孔径筛风干土 1.00g 于 250mL 塑料瓶中,加酸性草酸-草酸铵浸提剂 50mL,振荡 1h,过滤;滤干后将滤纸和样品放回原塑料瓶中,再加浸提剂 50mL,再振荡 1h,过滤;两次滤液合并混匀,贮于塑料瓶中,即为测定活性铝的待测液[注1]。

(2) 测定:吸取待测液 20~50mL 于 100mL 高型烧杯中,加入 2mL 浓硝酸,放在电热板上低温消化蒸干(近干时反应激烈,可适当降低温度,以免溶液溅出)。待干后将烧杯直接移至电炉上灼烧,用硝酸将草酸-草酸铵充分氧化,再加浓硝酸 2mL,如上法进行消化。如土壤有机质过多,棕黑色不易除去时,可加 0.5mL 浓硫酸和 2~3 滴高氯酸[$\rho(HClO_4)=600g/L$]进行消化,直至蒸干时呈灰白色为止。

加 1mol/L HCl 溶液溶解残渣(消化完毕后应立即溶解,以免氧化物老化而不易溶解),加水约 10mL,加 1g/L 对硝基酚指示剂 3 滴,再用氨水(1∶1)和 1mol/L HCl 溶液调至无色。加 0.015 0mol/L EDTA 标准溶液 25mL，加水 70mL，加热至 80～90℃，再加对硝基酚指示剂 3 滴，用 NH_4OH(1∶1)调至黄色，再用 1mol/L HCl 溶液调到无色，加pH6 缓冲溶液 12mL，放入沸水浴中煮 10min，冷却，再加二甲酚橙指示剂 6 滴，用乙酸锌标准溶液滴定到刚变红紫色(此次滴定不必记用量)。

用塑料量筒加入氟化钾溶液 10mL，摇匀，再在沸水浴中加热煮 5min，取出冷却至室温，补加二甲酚橙指示剂 6 滴，再用乙酸锌标准溶液滴定至刚变红紫色，记下乙酸锌溶液的用量毫升数(V)。

13.9.4 结果计算

$$活性铝(Al_2O_3)的含量(mg/kg)=(c\times V\times ts\times 50.98\times 10^{-3}\times 10^6/m)-TiO_2(mg/kg)\times 0.638\ 1$$

$$活性铝(Al)=活性铝(Al_2O_3)的含量(mg/kg)\times 0.529\ 2$$

式中：c——乙酸锌标准溶液浓度(mol/L)；

V——滴定时消耗乙酸锌标准溶液体积(mL)；

ts——分取倍数，浸提用浸提剂体积(mL)/测定时吸取过滤液体积(mL)；

m——样品质量(g)；

10^{-3}——将 mL 换算为 L；

10^6——将 g 换算为 mg 及换算为 kg 土；

50.98——$1/2Al_2O_3$ 的摩尔质量(g/mol)；

0.638 1——将 TiO_2 换算为相当于 Al_2O_3 量的换算系数。

13.9.5 注意事项

注 1：此待测液可用于活性硅、铁、锰的测定。活性硅用硅钼蓝比色法测定；活性铁用邻菲罗啉比色法测定；活性锰用高锰酸铵比色法测定。

第三篇

土壤环境污染物质分析

14 土壤铅、镉、镍的测定：王水-高氯酸——火焰 AAS 法

14.1 试剂配制

(1) 王水：浓硝酸[$\rho(HNO_3)\approx 1.42g/cm^3$，优级纯]与浓盐酸[$\rho(HCl)\approx 1.19g/cm^3$，优级纯]以1：3体积比混合，现用现配。

(2) 高氯酸[$\rho(HClO_4)\approx 1.60g/cm^3$，优级纯]。

(3) 2mol/L 碘化钾溶液：称取333.4g碘化钾(KI，优级纯)溶于水中，稀释至1L，贮于棕色瓶中。

(4) 抗坏血酸溶液：称取5.00g抗坏血酸溶于水中，稀释至100mL，现配现用。

(5) 甲基异丁酮((MIBK，优级纯)。

(6) 0.1mol/L HCl 溶液：吸取8.3mL浓盐酸[$\rho(HCl)\approx 1.19g/cm^3$，优级纯]，溶于水中，稀释至1L。

(7) 0.1mol/L HNO_3 溶液：吸取6.3mL浓硝酸(优级纯)于水中，稀释至1L。

(8) 1000μg/mL 铅(Pb)标准贮备溶液：称取1.598 0g经105～110℃烘干的硝酸铅(光谱纯)溶于0.1mol/L HNO_3 溶液中，转入1L容量瓶中，用硝酸溶液定容，存于塑料瓶中。

(9) 1 000μg/mL 镉(Cd)标准贮备溶液：称取1.000 0g高纯金属镉溶于20mL HCl (1：1)溶液中，转入1L容量瓶中，以0.1mol/L HCl溶液定容，存于塑料瓶中。

(10) 1 000μg/mL 镍(Ni)标准贮备溶液：称取1.000 0g高纯金属镍溶于20mL HCl (1：1)溶液中，转入1L容量瓶中，用0.1mol/L HCl溶液定容，存于塑料瓶中。

(11) 10μg/mL 铅(Pb)、1μg/mL 镉(Cd)混合标准溶液。分别吸取铅、镉标准贮备溶液10mL、1mL于1L容量瓶中，用0.1mol/L HCl溶液定容，存于塑料瓶中。

14.2 测定原理

土壤样品经王水-高氯酸消化处理使矿物和有机质分解，土壤中的铅、镉、镍等以离子状态存在于消化液中，镍元素用火焰原子吸收光谱法直接测定；铅、镉因含量较低，以碘化钾-甲基异丁酮萃取富集后，用原子吸收光谱法测定。该法适用于各类型土壤中铅、镉、镍

的测定。铅的最灵敏吸收波长为283.3nm，最低检出限为0.01μg/mL，镉的最灵敏吸收波长为228.8nm，最低检出限为0.001μg/mL；镍的最灵敏吸收线波长为232.0nm，土壤消解液最低检出限为0.04μg/mL。

王水-高氯酸法测Pb、Cd结果偏低，尤其对测定土壤背景值影响较大。因此，对于铅、镉含量较低的土壤样品，如测定土壤Pb、Cd背景值时，建议采用HF－$HClO_4$－HNO_3消煮，消煮液用无焰原子光谱法（石墨炉）测定。当测定Pb、Cd污染土壤时可采用王水-高氯酸消煮，含量高的试样可用火焰法直接测定，含量低时可改用石墨炉法测定。

14.3　测定步骤

（1）样品处理。称取通过0.149mm孔径尼龙筛的风干土5.000g[注1]，置于150mL三角瓶中，用少量水湿润样品，加20mL王水，轻轻摇匀，盖上小漏斗，置于电热板或电砂浴上，在通风橱中低温加热至微沸（140～160℃）[注2]，待棕色氮氧化物基本赶完后，取下冷却。沿管壁加入高氯酸10～20mL（视样品中有机质的含量而定），继续加热消化产生浓白烟挥发大部分高氯酸，三角瓶中样品呈灰白色糊状[注3]，取下冷却。用水约20mL洗涤容器内壁，摇匀，以中速定量滤纸过滤到100mL容量瓶中，再用热水洗涤残渣3～4次，冷却后用水定容。同时作空白试验。

（2）镍的测定。设定原子吸收光谱仪测定镍的条件后，用镍空心阴极灯在232.0nm波长处，可将待测液直接喷入空气-乙炔火焰测定镍的吸收值或浓度值，一般不用稀释，也不必萃取。若待测液镍浓度高，超出仪器测定范围时，可用水稀释后重新测定，但应有相应的空白溶液。用氘灯扣除背景吸收或在非吸收线236.2nm处扣除背景吸收。

（3）铅、镉测定。吸取50mL滤液，预先加入0.1mol/L HCl溶液100mL的250mL分液漏斗中，经萃取分离后上机测定。萃取方法：向漏斗中加入2mol/L碘化钾溶液10mL，加塞，用力振荡1min，静止分层，弃去水相，把有机相放入小试管中，加塞。用甲基异丁酮调节仪器零点，按原子吸收光谱仪测定条件，用铅、镉空心阴极灯分别在283.3nm和228.8nm处，将有机相喷入空气-乙炔火焰，读取浓度值和吸收值。

（4）工作曲线绘制。

①镍工作曲线绘制：吸取1 000μg/mL镍（Ni）标准贮存液20mL于1 000mL容量瓶中，用0.1mol/L HCl溶液定容，即为20μg/mL镍（Ni）标准溶液。存于塑料瓶中。再吸取此溶液0.00mL、1.00mL、3.00mL、5.00mL、7.00mL、9.00mL分别置于6个100mL容量瓶中，加王水0.5mL、高氯酸1.5mL，用0.1mol/L HCl溶液定容，即为0.0μg/mL、0.2μg/mL、0.6μg/mL、1.0μg/mL、1.4μg/mL、1.8μg/mL镍（Ni）的标准系列溶液。与样品同样条件下上机测定，读取吸收值，绘制工作曲线。

②铅、镉工作曲线绘制：吸取铅、镉混合标准溶液0.00mL、2.50mL、5.00mL、7.50mL、10.00mL、12.50mL于50mL容量瓶中，用0.1mol/L HCl溶液或0.1mol/L

HNO_3 溶液定容，即为 ρ(Pb)分别为 0.0μg/mL、0.5μg/mL、1.0μg/mL、1.5μg/mL、2.0μg/mL、2.5μg/mL 的铅标准系列溶液和 ρ(Cd)分别为 0.0μg/mL、0.05μg/mL、0.10μg/mL、0.15μg/mL、0.20μg/mL、0.25μg/mL 的镉标准系列溶液。

将上述定容后的标准系列溶液转入预先盛有 0.1mol/L HCl 溶液 50mL 的 6 个 250mL 分液漏斗中，进行萃取。以甲基异丁酮试剂调节零点，与样品同样条件上机测定，读取吸收值，绘制工作曲线。

14.4 结果计算[注4]

$$土壤全量铅(Pb)或镉(Cd)、镍(Ni)含量(mg/kg)=\rho\times V\times ts/(m\times k)$$

式中：ρ——分别为待测液中铅、镉、镍的质量浓度(μg/mL)；

V——测定液体积，本试验中镍为 100(mL)，铅、镉为 10(mL)；

ts——分取倍数，本试验中镍为 1，铅、镉为 100/50=20；

m——样品的质量(g)；

k——水分系数。

14.5 注意事项

注 1：含有机物过多的土壤，应增加王水量，使大部分有机物消化完全，再加高氯酸，否则加高氯酸会发生强烈反应，致使瓶中内容物溅出，甚至发生爆炸，分析时务必小心。

注 2：样品消煮时温度不能太高，温度超过 250℃时，高氯酸会大量冒烟，使样品中铅、镉损失。

注 3：样品经高氯酸消化并蒸至近干后，土粒若为深灰色，说明有机物质尚未消化完全，应再加高氯酸重新消解至土样呈灰白色。

注 4：铅、镉、镍平行测定结果允许相对相差小于或等于 10%。

15 土壤中汞的测定：硫酸-V_2O_5——冷 AAS 法

15.1 试剂配制

(1) 硝酸-重铬酸钾溶液：称取 0.50g 重铬酸钾（$K_2Cr_2O_7$，分析纯），用水溶解，加入 50mL 浓 HNO_3（优级纯），用水稀释至 1L。

(2) 五氧化二钒（V_2O_5，优级纯）。

(3) 浓 HNO_3[$\rho(HNO_3) \approx 1.42g/cm^3$，优级纯]。

(4) 浓 H_2SO_4[$\rho(H_2SO_4) \approx 1.84g/cm^3$，优级纯]。

(5) 1mol/L H_2SO_4溶液：吸取浓硫酸[$\rho(H_2SO_4) \approx 1.84g/cm^3$，优级纯]28mL 缓缓倒入 1L 水中，倒入时不断搅拌。

(6) 300g/L 氯化亚锡溶液：称取 30g 氯化亚锡（$SnCl_2 \cdot H_2O$，优级纯）溶于 100mL 1mol/L(1/2H_2SO_4)溶液中（或加 10mL 浓 HCl），加热溶解后，用水稀释到 1L，通氮气或放置半天后使用。

(7) 100mg/L 汞（Hg）标准贮备溶液：称取 0.135 4g 氯化汞（$HgCl_2$，优级纯）盛于 250mL 烧杯中，用硝酸-重铬酸钾溶液溶解，转移到 1L 容量瓶中，再用硝酸-重铬酸钾溶液定容。

15.2 测定原理

土壤样品经硫酸-五氧化二钒消解，各种形态的汞都变成了汞离子，在酸性条件下（一般为硫酸）再用氯化亚锡将汞离子还原成汞蒸气（Hg_2）。以氮气或干燥清洁的空气作为载气，将汞吹出进行冷原子吸收测定。因为汞在常温下即可挥发和原子化，不用电和明火加热，故称为冷原子吸收法。有时为了提高原子化效率，只需用白炽灯烤汞池即可。汞蒸气对谱线 253.7nm 的紫外光有强烈的吸收作用，在一定浓度范围内，汞浓度与吸收值成正比。

15.3 测定步骤

(1) 样品处理[注1]：称取通过 0.149mm 孔径尼龙筛的风干土样 0.500 0g 放入 100mL

三角瓶中[注2]，加入五氧化二钒约 50mg，加入 10mL 浓 HNO_3，瓶口插一小漏斗，摇匀，置电热砂浴上（约 140℃）加热保持微沸 5min[注3]，冷却。加入 10mL 浓 H_2SO_4，继续在砂浴上加热 15min（约 180℃），直至二氧化硫冒白烟，并赶尽大量棕色二氧化氮气体[注4]，试样呈灰白色（溶液为黄色）。冷却后，用 1mol/L H_2SO_4 溶液 10mL 冲洗小漏斗及瓶内壁，试液呈蓝绿色。去掉漏斗，加热煮沸 10min，赶尽氮氧化物。冷却后将消解液及残渣全部转入 100mL 容量瓶中，用水洗涤三角瓶 3 次，洗涤液均并入容量瓶中，用水定容，备用。同时作空白试验[注5]。

(2) 测定：准确吸取待测消化液和空白溶液各 10mL（视汞含量而定）分别于汞反应瓶中，用 1mol/L H_2SO_4 溶液稀释至 25mL(V)，加入 300g/L 氯化亚锡溶液 2mL，立即盖上瓶盖，按测汞仪操作步骤进行测定，记下电流表上的最大峰值。

(3) 工作曲线：先将汞标准贮备液用硝酸-重铬酸钾溶液稀释成 0.1μg/mL 汞(Hg)标准溶液[注6]。再分别吸取此标准溶液 0.00mL、1.00mL、2.00mL、4.00mL、6.00mL、8.00mL、10.00mL 于 7 个反应瓶中，用 1mol/L H_2SO_4 溶液稀释至 25mL(V)，配制成标准系列分别为 0.00μg/mL、4.0μg/mL、8.0μg/mL、16.0μg/mL、32.0μg/mL、40.0μg/mL Hg（标准系列浓度根据所用的测汞仪而定），立即盖上瓶盖，按测汞仪操作步骤进行测定，记下电流表上的最大峰值，以峰值为纵坐标，Hg 的浓度（μg/mL）为横坐标，绘制工作曲线。

15.4 结果计算

$$\text{土壤全量汞(Hg)的含量(mg/kg)} = \frac{(\rho - \rho_0) \times V \times ts \times 10^{-3}}{m \times k}$$

式中：ρ——查得测定液中汞的质量浓度（μg/mL）；

ρ_0——查得空白液中汞的质量浓度（μg/mL）；

V——测定液体积，本试验中为 25mL；

ts——分取倍数，待测消化液定容体积（mL）/测定时吸取待测消化液体积（mL）；

m——样品的质量（g）。

k——水分系数；

10^{-3}——由 ng/L 换算成 g/L。

15.5 注意事项

注 1：土壤处理方法还可以用硝酸-硫酸-高锰酸钾消化法，硝酸-硫酸消化法，可参考农产品中汞的测定。

注 2：玻璃对汞有吸附作用，所有的玻璃器皿用完后都需在硝酸溶液［$\varphi(HNO_3)$ =

10%]中浸泡一夜,随后用水洗净后备用。

注 3:土壤有机物质含量较多时,可在加入五氧化二钒和硝酸后,放置一夜再进行消解,并可在消解过程中适当添加硝酸 3～5mL(分次加入)。

注 4:应尽量除尽消解液中的氮氧化物,否则致测定结果偏低。增加氯化亚锡用量可使氮氧化物迅速还原,排除干扰。为排除残留氮氧化物的影响,可在消解液中滴加高锰酸钾溶液至数分钟颜色不褪,然后加入 1 滴盐酸羟胺溶液[$\rho(NH_2OH \cdot HCl)=100g/L$],使高锰酸钾红色褪去,再稀释定容,测定。

注 5:每批样品需同时作空白试验,以检查所用试剂是否纯净,引起空白值过高的试剂不能使用,应提纯或更换,样本消解方法还适于蔬菜、水果、水产品中总汞的测定。

注 6:玻璃对汞的吸附性较强,因此在配制稀汞标准溶液时,最好先在容量瓶中加进部分硝酸-重铬酸钾溶液,再加入汞标准贮备液。

16 土壤中砷的测定:硫酸-硝酸——冷 AAS 法

16.1 试剂配制

(1) 浓 HNO_3[$\rho(HNO_3)\approx 1.42g/cm^3$,优级纯]。

(2) 浓 H_2SO_4[$\rho(H_2SO_4)\approx 1.84g/cm^3$,优级纯]。

(3) 0.01mol/L H_2SO_4 溶液:吸取 0.5mL 浓 H_2SO_4(优级纯),用水稀释至 1L。

(4) 硼氢化钠溶液:称取 10g 硼氢化钠($NaBH_4$,分析纯)和 1g 氢氧化钠溶于水,稀释至 1L(现用现配)[注1]。

(5) 100μg/mL 砷(As)标准贮备溶液:称取 0.1320g 三氧化二砷(As_2O_3,分析纯)置于 100mL 三角瓶中加 5mL NaOH[$\rho(NaOH)=200g/L$],温热至 As_2O_3 全部溶解后,以酚酞为指示剂,用硫酸溶液[$c(H_2SO_4)=1mol/L$]中和至无色,再过量 10mL,转入 1 000mL容量瓶中,用水定容。

(6) HCl(1∶19)溶液:取浓盐酸[$\rho(HCl)\approx 1.19g/cm^3$,优级纯]50mL,用水稀释至 1L。

16.2 测定原理

土壤经硝酸-硫酸消煮,消煮液中的砷在酸性溶液中与硼氢化钠反应,生成砷化三氢(或称胂,AsH_3),以氩气或氮气为载气,将砷化三氢气体导入原子吸收分光光度计的可加热石英管中原子化,加热石英管使砷化三氢转化为原子砷。然后在光路中测定砷原子对砷空心阴极灯发射的 193.7nm 特征谱线的吸收,计算出样品中砷的含量。

16.3 测定步骤

(1) 样本处理[注2]:称取通过 0.149mm 孔径尼龙筛风干土样 0.500 0g,放入聚四氟乙烯坩埚(或 100mL 三角瓶)中,加水 2~3 滴湿润土壤样品。加 10mL 浓 HNO_3 和 2mL 浓 H_2SO_4,摇匀,先低温(约 100℃)消煮近 1h,然后逐步提高温度约 250℃[注3],消煮至土壤样品为灰白色。若土壤样品没有完全变为灰白色,则再补加 5mL 浓 HNO_3,继续消煮,待作用完全硫酸冒烟后，再蒸至近干，移下坩埚稍冷却。加水 20mL 煮沸至干，继续加热至生成白烟为止，除去残余的硝酸注4，如此处理两次。将坩埚中内容物洗入 100mL 容量瓶中，用 0.01mol/L H_2SO_4 溶液定容，放置澄清或过滤注5。同时作空白对照。

(2) 测定：按原子吸收分光光度计测定砷的条件安装砷空心阴极灯，预热，在 193.7nm吸收线波长下调节灯电流、光谱通带、燃烧器高度，在空气乙炔燃烧器上安装可加热的石英管及石英管架，连接各连接线及管路，通入载气。点燃火焰或用电加热石英管使之达到砷原子化温度(约 850℃)。

准确吸取一定量消煮液及空白液(体积为"V")于氢化物发生器反应瓶中(含 As10～50ng)，加入 HCl(1∶19)溶液 20mL注6，硼氢化钠溶液 20～30mL。反应生成的氢化物(AsH_3)即由氩气或氮气输送到石英管中原子化注7，读取吸收值。

(3) 工作曲线：取 10μg/mL 砷(As)标准溶液用 0.01mol/L H_2SO_4 溶液稀释成 ρ(As)分别为 0.00μg/mL、10.00μg/mL、20.00μg/mL、40.00μg/mL、80.00μg/mL As 的标准系列溶液，分别吸取体积为"V"的该系列标准溶液于氢化物发生器反应瓶中，按待测液同样条件测定。以吸收值(A)为纵坐标，以 As(μg/mL)为横坐标绘制工作曲线注8。

16.4 结果计算

$$\text{土壤全量砷(As)的含量(mg/kg)}=\frac{(\rho-\rho_0)\times V\times ts\times 10^{-3}}{m\times k}$$

式中：ρ——查得测定液中砷的质量浓度(μg/mL)；

ρ_0——查得空白液中砷的质量浓度(μg/mL)；

V——测定液体积(mL)；

ts——分取倍数；

m——样品的质量(g)；

k——水分系数；

10^{-3}——由 ng/L 换算成 g/mL。

16.5 注意事项

注 1：硼氢化钠溶液应按半日用量配制，因该溶液仅在数小时内可用。若将其迅速过滤，以除去不溶物，可延长硼氢化钠的稳定时间。

注 2：土样处理还可以用硝酸-高氯酸-硫酸分解法。

注 3：消煮试样时要严格控制消煮时的温度，过度加热会使砷损失。

注 4：待测液中硝酸浓度达到 0.5mol/L 时，影响硼氢化钠的还原作用，应除尽。

注 5：消煮液应是透明无色的，如溶液呈棕色或黄色，说明有机质分解不完全或硝酸分解不彻底,致使试样待测液进入反应圈时,反应池内产生大量气泡,向原子化器的吸收池内倒灌而产生误差。

注 6:控制待测液酸度不宜过高,以免造成反应过于激烈而引起发生器内的溶液向原子化器导管吸收池内倒灌现象。

注 7:砷化三氢有毒,测试过程中实验室要保持通风。

注 8:砷浓度在 0.00～0.05μg/mL 范围内呈一微微弯曲的标准曲线。

17 土壤中铬的测定：$HF - HClO_4 - HNO_3$——火焰 AAS 法

17.1 试剂配制

(1) 氢氟酸[ω(HF)≈40%，优级纯]。

(2) 高氯酸[ρ($HClO_4$)≈1.60g/cm^3，优级纯]。

(3) 浓 HNO_3[ρ(HNO_3)≈1.42g/cm^3，优级纯]。

(4) HNO_3(1∶1)溶液：浓 HNO_3 与等体积水混合。

(5) 100g/L 焦硫酸钾溶液：称取 100g 焦硫酸钾(优级纯)溶于水中，并稀释至 1L。

(6) 100μg/mL 铬(Cr)标准溶液：准确称取 0.282 9g 经 110～120℃烘过 2h 的重铬酸钾($K_2Cr_2O_7$，优级纯)溶于水中后，转移到 1L 容量瓶中，用水定容。

17.2 测定原理

土壤经氢氟酸-高氯酸-硝酸消煮，消煮液中的铬用原子吸收光谱法测定，铬的最灵敏吸收线波长为 357.9nm。样品待测液中铬含量较高时，可用焦硫酸钾作抑制剂，直接用火焰原子吸收光谱法测定；铬含量低时可用石墨炉原子吸收光谱法测定。

17.3 测定步骤

(1) 样品预处理[注1]：称取过 0.149mm 孔径尼龙筛的风干土 0.500 0g，放入聚四氟乙烯坩埚内，加 2～3 滴水湿润样品。加 10mL 氢氟酸、8mL 浓硝酸和 1mL 高氯酸，先低温(100℃)加热近 1h，接着提高温度至坩埚内消煮液大量冒烟(控制温度低于 250℃)，待坩埚内容物蒸至糊状时，取下冷却，沿坩埚壁转动加入浓硝酸 2mL，继续加热再蒸至糊状，接着加 HNO_3(1∶1)溶液 2mL，稍加热溶解坩埚内残留物。将内容物用水洗入 25mL 容量瓶中[注2]，定容至刻度，放置澄清或过滤[注3]。同时作空白对照。

(2) 测定：吸取消煮好的待测液 2.00～5.00mL(含铬 25～500μg)于 50mL 容量瓶中，加 10mL 焦硫酸钾溶液[注4]，加水定容，用原子吸收光分光光度计(火焰或石墨炉法)测定吸光度或浓度值[注5]。铬的分析谱线为 357.9nm。

(3) 工作曲线：分别吸取 100μg/mL 铬(Cr)标准溶液 0.00mL、0.25mL、0.50mL、1.00mL、2.00mL、3.00mL、4.00mL 分别置于 7 个 50mL 容量瓶中，加 10mL 焦硫酸钾溶液，用 0.1μg/mL HNO_3 溶液定容，即 ρ(Cr)分别为 0.00μg/mL、0.50μg/mL、1.00μg/mL、2.00μg/mL、4.00μg/mL、6.00μg/mL、8.00μg/mL 的标准系列溶液[注6]，按待测液相同方法在原子吸收分光光度计上测定吸光度，绘制工作曲线。

17.4 结果计算

$$土壤中铬(Cr)含量(mg/kg)=\frac{\rho \times V \times ts}{m \times k}$$

式中：ρ——测定液中铬的质量浓度(μg/mL)；

V——测定液体积(mL)；

ts——分取倍数，消煮液定容体积(mL)/测定时吸取消煮液体积(mL)；

m——样品的质量(g)；

k——水分系数。

17.5 注意事项

注 1：原子吸收光谱法测定土壤全量铬，样品处理还可以用高氯酸分解法和硝酸-过氧化氢分解法，前者在分解样品时应加少量的硫酸，抑制氯化铬的挥发，即高氯酸-硝酸-硫酸消化法。后者适合铬的萃取分离测定。因为消煮液中有盐酸不能萃取分离铬。比色法测铬时，土壤样品通常用硫酸-硝酸-磷酸消化。

注 2：所使用的玻璃器皿应避免使用重铬酸钾-硫酸溶液洗涤，以防止铬的污染。

注 3：此待测液还可用于铁、钴、镍、铅等元素的原子吸收光谱法测定。

注 4：加焦硫酸钾溶液作抑制剂可消除钼、铅、钴、铝、铁、钒、镍和镁等离子对铬测定的干扰。

注 5：用空气-乙炔火焰分析铬时，对燃气、助燃气比例变化极其敏感，应注意保持燃气、助燃气比的恒定。燃烧器高度对铬的测定影响也很大，应注意调整好。

注 6：如用石墨炉分析法，标准系列溶液浓度应降低 10～20 倍。

18　土壤水溶性氟的测定：氟离子电极法

18.1　试剂配制

(1) 6mol/L NaOH 溶液：称取 240g 氢氧化钠(优级纯)溶于水中，稀释至 1L。

(2) 总离子强度缓冲剂(TISAB)：取 58mL 冰乙酸(HOAc，分析纯)和 12g 柠檬酸钠($Na_3C_6H_5O_7 \cdot 2H_2O$，分析纯)于 300mL 水中，搅拌溶解后，用 6mol/L NaOH 溶液调节 pH 值至 5.2，冷却后稀释至 1L。

(3) 1 000μg/mL 氟(F)标准贮备溶液：准确称 2.210 0g 氟化钠(NaF，优级纯，经 110℃烘干 2h 后，在干燥器中放冷)溶于水，定容至 1L，贮于聚乙烯塑料瓶中备用(置于冰箱中保存)。

18.2　测定原理

土壤水溶态氟以纯水提取后，将氟离子选择电极及参比电极插入浸提液中，组成测量电池，电位差可随溶液中氟离子活度的变化而改变，电位变化规律符合能斯特方程，在稀溶液中，氟离子的活度近似等于浓度[注1]。通过离子计读出电位值，从工作曲线上查出待测液中氟离子浓度，求出待测样品中含氟量。

待测液中部分离子对测定产生干扰，酸度也对氟电极的响应值产生影响，故加入总离子强度缓冲剂以消除上述干扰。

18.3　测定步骤

(1) 工作曲线绘制：取 1 000μg/mL 氟(F)标准贮备液 10.00mL 于 100mL 容量瓶中，以水定容，即为 ρ(F)=100μg/mL 氟标准溶液。取 5 个 100mL 容量瓶，分别加入 100mg/mL 氟标准溶液 0.10mL、0.20mL、0.50mL、1.00mL、2.00mL，加水定容，配制成 ρ(F)分别为 0.1μg/mL、0.2μg/mL、0.5μg/mL、1.0μg/mL、2.0μg/mL 氟标准系列溶液，依次由稀至浓分别吸取标准系列溶液各 10.00mL 于 50mL 塑料烧杯中，加入总离子强度缓冲剂 10.00mL，置于磁力搅拌器上，在 25℃恒温条件下，插入氟离子选择电极[注2]和饱和甘汞电极(电极约插入液面 1～2cm 处),在磁力搅拌下,观察电位值,待离子计电位值读数稳定后注3,在继续搅拌下读取电位值 E(mv),以电位值(mv)为纵坐标,氟离子浓度($-\log\rho$)为横坐标,绘制工作曲线注4。

(2) 样品分析:称取通过 2mm 孔径筛的风干土 5.00g 于 250mL 塑料瓶中,加 50mL 水,在室温 25℃左右振荡 30min 或摇动后放置过夜。吸取上清液(或过滤液)10.00mL 于 50mL 塑料烧杯中,加入总离子强度缓冲剂 10.00mL,以下同工作曲线绘制的操作步骤注5,读取电位值(mv),从工作曲线上查得氟含量。

18.4 结果计算

$$\text{土壤水溶态氟(F)含量(mg/kg)} = \frac{\rho \times V}{m \times k}$$

式中:ρ——测定液中氟的质量浓度(μg/mL);

V——测定液体积(mL);

m——样品的质量(g);

k——水分系数。

18.5 注意事项

注 1:当浓度小于或等于 10^{-4}mol/L 时,溶液中活度与浓度近似相等,不需要校正;当浓度大于或等于 10^{-3}mol/L 时,必须进行活度系数校正。

注 2:氟电极在使用前,应在水中浸泡(活化)数小时,不要在含氟较高的溶液中浸泡。电极长期使用后,会发生迟钝现象,可用金相纸擦或牙膏擦,以将表面活化。应保证氟电极膜表面的清洁,如被污染,可用乙醇轻轻擦洗,再放入纯水中洗净。

注 3:浓度低于 10^{-6}mol/L 时,电位平衡较慢,需数十分钟才能达到平衡,浓度高于 10^{-6}mol/L 时,仅需几分钟即可达到平衡。

注 4:绘制工作曲线时,氟浓度由稀至浓,每次测定后,电极不必洗至空白值,但测定样品时,每次均应将电极洗至空白,再测定下一个样品。

注 5:要保证标准溶液和样液的测定温度一致,否则会因温度差异造成测定值差异。

19 可见光光催化降解土壤中的有机污染物

19.1 目的与意义

在太阳光照射下，土壤中具有变价特性的如铁、锰等金属离子或氧化物，它们与自然界的氧化物（如溶解氧、过氧化物等）构成类 Fenton 体系，该 Fenton 反应产生的高活性·OH具有很高的氧化电位（+2.8eV），能对土壤中的有毒有机污染物尤其是生物难降解性有毒化合物实施氧化分解。本实验利用天然土壤介质作为异相光 Fenton 降解有毒有机污染物的场所，这对认识土壤光化学自净化作用、进行土壤有机污染防治，特别是原位土壤污染修复具有重要的理论和现实意义。

19.2 方法原理

在酸性条件下，类 Fenton 反应产生高活性的·OH，对土壤中的有机污染物进行氧化分解，引入的可见光可以促进氧化态金属元素向还原态的转化，增强类 Fenton 反应的活性和降解有机物的效率。

19.3 仪器设备

光反应装置：将 85W 普通节能灯置于玻璃烧杯上方，节能灯距反应液面 10cm；电子天平；可见光分光光度计；恒温搅拌器；pH 计；高速离心机；计时器。

19.4 试剂配制

(1) 罗丹明 B 母液：准确称取 0.160g 罗丹明 B 于烧杯中，加入蒸馏水溶解后，转移到 1 000mL 容量瓶中并定容至刻度。

(2) 0.5mol/L NaOH 溶液：称取 2.00g 氢氧化钠（NaOH，优级纯）溶于 100mL 无水乙醇中。

(3) 0.01mol/L HCl 溶液：将浓盐酸（HCl，$\rho \approx 1.19$g/mL，分析纯）约 1mL 稀释至 1L。

(4) 30% H_2O_2溶液。

19.5　操作步骤

向玻璃烧瓶中依次加入 125mL 罗丹明 B 母液、100mg 土壤（土壤经自然风干、研磨，过 200 目筛）后，以 NaOH 或 HCl 调节溶液 pH 值至 4.0，定容至 500mL，置于暗室恒温搅拌 60min，以达到吸附-解吸平衡；然后，将溶液置于可见光源下[注1]，加入 1.0mL 30% H_2O_2 后即开始计时至 60min，于该段时间内间隔取样，样品经高速离心后[注2]，用可见光分光光度计在罗丹明 B 最大吸收波长（550nm）处测量上清液吸光度值。

罗丹明 B 标准曲线：量取罗丹明 B 母液 6 份，稀释至浓度分别为 1mg/L、2mg/L、3mg/L、4mg/L、4.5mg/L、5mg/L 的系列溶液。通过可见光分光光度计测定其在 550nm 处的吸光度值，可获得浓度-吸光度的数据，并作图，计算出该线性相关度和标准曲线。

19.6　结果计算

有机物降解率的测定：利用可见光分光光度计，在 550nm 处分别测定吸附饱和时和经可见光降解后的样品上清液吸光度，然后，根据罗丹明 B 的标准曲线计算其浓度，并依据下式计算目标物的降解率：

$$D=\frac{c_0-c_t}{c_0M}\times100\%$$

式中：D——目标物的降解率（%）；

c_0——吸附饱和时样品上清液中罗丹明 B 的浓度（mg/L）；

c_t——经可见光降解后的样品上清液中罗丹明 B 的浓度（mg/L）；

M——土壤质量（g）。

19.7　注意事项

注 1：可见光源距离液面的高度要恒定，否则，将导致光强变化，使体系反应效率出现差异。

注 2：吸附饱和后的溶液经高速离心后若仍有浑浊，可用 0.45μm 水相滤纸进行过滤，以避免溶液悬浮物对吸光度值测量带来的不利影响。

第 四 篇

农产品检测

20 农产品中铅、镉的测定:KI－MIBK 萃取——火焰 AAS 法

20.1 试剂配制

(1) 碘化钾(KI,优级纯)饱和溶液。

(2) 1mol/L HCl 溶液:加 83mL 浓 HCl(优级纯)于水中,稀释至 1L。

(3) 磷酸[$\omega(H_3PO_4)\approx 85\%$,优级纯]。

(4) 甲基异丁酮(MIBK,优级纯)。

(5) 1 000μg/mL 铅(Pb)标准贮备溶液:称取 1.598 0g 经 105～110℃烘干的硝酸铅(光谱纯)溶于 0.1mol/L HNO_3 溶液中,转入 1L 容量瓶中,用硝酸溶液定容,存于塑料瓶中。

(6) 1 000μg/mL 镉(Cd)标准贮备溶液:称取 1.000g 高纯金属镉溶于 20mL HCl(1∶1)溶液中,转入 1L 容量瓶中,以 0.1mol/L HCl 溶液定容,存于塑料瓶中。

(7) 10μg/mL 铅(Pb)、1μg/mL 镉(Cd)混合标准溶液:分别吸取铅、镉标准贮备溶液 10mL、1mL 于 1L 容量瓶中,用 0.1mol/L HCl 溶液定容,存于塑料瓶中。

20.2 测定原理

样品经消化后,在酸性溶液中铅、镉、铜离子与碘离子形成铅、镉、铜的碘化物(配合物),以 MIBK 将铅、镉的碘化物萃取后,MIBK 溶液喷入空气-乙炔火焰中原子化,铅的基态原子对 283.3nm 共振线吸收,镉对 228.8nm 共振线吸收,其吸收值分别与铅、镉含量成正比,与标准系列比较,求出溶液中铅、镉的含量。

本法可同时测定铜、镉、铅的含量。适合于各种农、畜、水产品中铅、镉的测定。试液中铅的含量最好在 2～50μg[注1]。

20.3 测定步骤

(1) 样品处理。称取通过 0.149mm 孔径尼龙筛的风干土 0.500 0g,置于 150mL 三角瓶中,用少量水湿润样品,加 20mL 王水,轻轻摇匀,盖上小漏斗,置于电热板或电砂浴

上，在通风橱中低温加热至微沸（140～160℃），待棕色氮氧化物基本赶尽后，取下冷却。沿管壁加入高氯酸 10～20mL（视样品中有机质的含量而定），继续加热消化产生浓白烟，挥发大部分高氯酸，三角瓶中样品呈灰白色糊状，取下冷却。用水约 20mL 洗涤容器内壁，摇匀，以中速定量滤纸过滤到 100mL 容量瓶中，再用热水洗涤残渣 3～4 次，冷却后用水定容。同时作空白试验。

（2）萃取分离：吸取待测液和相同体积空白试验液 10mL[注2]分别置于分液漏斗中，加水至 35mL[注3]，用量筒加磷酸 16mL，冷却至室温后，加饱和碘化钾溶液 5mL[注4]，混合，放置约 5min 后，加 MIBK 试剂 10.0mL，摇动 3～5min，萃取碘化物，静止分层后，分离出 MIBK 溶液于具塞试管中。

（3）测定：使用铅空心阴极灯，测定波长为 283.3nm，燃烧器用空气-乙炔火焰，按照铅的仪器测定条件设定灯电流、狭缝、气体流量、燃烧器高度等参数，用 MIBK 喷雾，调节仪器零点。将萃取分离到 MIBK 层中的标准系列溶液、待测液和空白试验溶液进行直接喷雾，测定它们的吸收值或浓度值。以上测定均须在完全相同的条件下进行。

将铅空心阴极灯换成镉灯，测定波长改为 228.8nm，调节好测定镉的各项参数，按上述方法进行测定，得到镉的吸收值或浓度值。

（4）铅、镉工作曲线绘制：分别吸取铅（10μg/mL）、镉（1μg/mL）混合标准溶液 0.00mL、5.00mL、10.00mL、15.00mL、20.00mL、30.00mL、40.00mL 于 100mL 容量瓶中，用盐酸溶液稀释定容，配制成 ρ(Pb) 分别为 0.00μg/mL、0.50μg/mL、1.00μg/mL、1.50μg/mL、2.00μg/mL、3.00μg/mL、4.00μg/mL 和 ρ(Cd) 分别为 0.0μg/mL、0.05μg/mL、0.1μg/mL、0.2μg/mL、0.3μg/mL、0.4μg/mL 的混合标准系列溶液。

吸取上述系列溶液各 10.0mL，分别置于 150mL 分液漏斗中，以下按(2) 萃取分离操作步骤进行，分离出 MIBK 溶液，按上述测定铅、镉的条件，用火焰原子吸收光谱法分别测定铅和镉的标准系列的吸收值(A)，与上述 ρ(Pb) 或 ρ(Cd) 相应的系列浓度分别绘制成铅和镉的工作曲线。

20.4　结果计算

$$\text{农产品中铅(Pb)或镉(Cd)含量(mg/kg)} = \frac{(\rho - \rho_0) \times V \times ts}{m}$$

式中：ρ——测定液中铅或镉的质量浓度（μg/mL）；

ρ_0——空白试验溶液中铅或镉的质量浓度（μg/mL）；

V——MIBK 溶液体积（mL）；

ts——分取倍数，待测液总定容体积（mL）/测定时吸取待测液体积（mL）；

m——样品的质量（g）。

20.5 注意事项

注 1：由于农、畜、水产品中铅的含量一般较低，铅的火焰原子吸收光谱法测定的灵敏度低，吸取试样溶液达 35mL 时，铅的含量也不会在 50μg 以上。50μg 的吸收值也只有 0.2左右，测定的上限可达 100μg。

注 2：吸样量依铅、镉含量而定，要求待测液中铅含量在 1～30μg 之间，镉含量在 0.2～6.0μg之间。吸取待测液体积和空白液体积应相同。

注 3：提取液最终体积最好是(55±1)mL。如果提取液量从 55mL 增加到 77.5mL 时，因加入的 10mL MIBK 溶于水的量也相应增加，故分取时的体积由 9.45mL(10mL MIBK 溶于 55mL 水相后的体积)降至 9.15mL，使表面上测定值升高约 3%。提取液量相差 22.5mL，测定值相差 3%。

注 4：提取液中碘化钾(KI)浓度为 0.69mol/L。碘化钾浓度在 0.14～0.83mol/L 之间，铅、镉、铜的提取率基本稳定。碘化钾浓度高时，影响铅的提取率。

21　农产品中汞的测定：硫酸-硝酸——冷 AAS 法

21.1　试剂配制

同 15.1。

21.2　测定原理

同 15.2。

21.3　测定步骤

(1) 样品处理：称取过 0.4mm 筛均匀样品 1.000 0g[注1]于 150mL 三角瓶中，加 3 粒玻璃珠，加 10mL 浓 HNO_3，5mL 浓 H_2SO_4[注2]，转动三角瓶。装上冷凝管后，置电热砂浴上小火加热，待开始发泡时即停止加热，发泡停止后，加热回流 2h，如加热过程中溶液变棕色，再加 5mL 浓 HNO_3，继续加热回流 2h。冷却后从冷凝管上端小心加水 20mL，继续加热回流 10min，将消化液经玻璃棉过滤于 100mL 容量瓶中，用少量水洗涤三角瓶和过滤器，洗液并入容量瓶内，加水定容。同时作空白试验。

(2) 测定：同 15.3。

(3) 工作曲线：同 15.3。

21.4　结果计算

同 15.4。

21.5　注意事项

注 1：谷物样品烘干磨细称取均匀样品 2.00g；蔬菜、水果用水洗净，取可食部分切碎或捣成匀浆，称取 10.0g。

22 农产品中氟的测定

22.1 试剂配制

(1) 20g/L Ag_2SO_4 溶液：称取 2.00g 硫酸银（Ag_2SO_4，分析纯）溶于 100mL H_2SO_4（3∶1）溶液中。

(2) 0.5mol/L NaOH 溶液：称取 2.00g 氢氧化钠（NaOH，优级纯）溶于 100mL 无水乙醇中。

(3) 1mol/L 乙酸溶液：取 3mL 冰乙酸（HOAc，分析纯），加水稀释至 50mL。

(4) 氟试剂：称取 0.192 5g 茜素氨羧配合剂（$C_{19}H_{15}NO_3$，分析纯），加水 50mL 和 0.5mol/L NaOH 溶液 1mL 使之溶解，再加 0.125g 乙酸钠（NaOAc，分析纯），用 1mol/L 乙酸溶液调节至红色（pH 值为 5.0），用水稀释至 500mL，放置冰箱中备用。

(5) 硝酸镧溶液：称取 0.216 5g 硝酸镧[$La(NO_3)\cdot 6H_2O$，分析纯]，用少量 1mol/L 乙酸溶液溶解，加水至 450mL，用 250g/L 乙酸钠溶液调节 pH 值为 5.0，然后用水稀释至 500mL，摇匀，放置冰箱中备用。

(6) 缓冲液（pH=4.7）：称取 30.0g 乙酸钠（NaOAc，分析纯）溶于 400mL 水中，加冰乙酸 22mL，再缓缓加入冰乙酸调节 pH 值为 4.7，用水稀释至 500mL。

(7) 二乙基苯胺-异戊醇溶液：吸取 25mL 二乙基苯胺（分析纯）溶于 500mL 异戊醇（分析纯）中。

(8) 丙酮（分析纯）。

(9) 1 000μg/mL 氟（F）标准贮备溶液：准确称 2.210 0g 氟化钠（NaF，优级纯，经 110℃烘干 2h 后，在干燥器中放冷）溶于水，定容至 1L，贮于聚乙烯塑料瓶中备用（置于冰箱中保存）。

(10) 5μg/mL 氟（F）标准溶液：吸取 1 000μg/mL 氟标准贮备液 1.0mL，用水稀释至 200mL。

22.2 测定原理

样品中的氟化物与酸作用，产生氟化氢气体，经扩散被氢氧化钠吸收，生成氟化钠，氟化钠与硝酸镧、氟试剂生成蓝色三元配合物，用含有胺类的有机溶剂萃取之后，在波长580nm处测定其吸收值(A)，与标准系列比较定量。

氯离子干扰氟离子的测定，加入硫酸银后可消除氯离子的干扰。

22.3 测定步骤

(1) 样品提取：取塑料盒若干个，分别于盒盖中央加氢氧化钠-乙醇溶液0.2mL，在圈内均匀涂布，于55℃恒温箱中烘干，形成一层薄膜，取出备用。

称取样品1.000g于处理好的塑料盒中[注2]，加水4mL，使样品均匀分散不结块，加硫酸银-硫酸溶液4mL，立即盖紧，轻轻摇匀(切莫将酸溅在盖上)，将盒置于(55±1)℃恒温箱中，保温20h。

同时分别于处理好的塑料盒内加5μg/mL氟标准溶液0.00mL、0.40mL、0.80mL、1.20mL、1.60mL、2.00mL，以下操作同样品提取。

(2) 测定：将盒取出，取下盒盖，分别用20mL水少量多次将盒盖内氢氧化钠薄膜溶解，用滴管小心完全移置100mL分液漏斗中。

分别向分液漏斗中加氟试剂3.0mL，缓冲液3.0mL，丙酮8mL[注3]，硝酸镧溶液3.0mL和水13mL，混匀，放置20min[注4]，各加入二乙基苯胺-异戊醇溶液10.0mL，振摇2min，待分层后，弃去水相，分出有机相，并用滤纸过滤于10mL带塞容量瓶中。此时蓝色三元配合物全部进入10mL有机相，在10mL有机相中氟标准系列浓度ρ(F)分别为0.00μg/mL、0.20μg/mL、0.40μg/mL、0.60μg/mL、0.80μg/mL、1.00μg/mL。

用1cm光径比色杯于580nm波长处，以零管调节零点，分别测定标准系列和样品吸收值(A)，绘制工作曲线，从工作曲线上查出样品待测液中氟的浓度(μg/mL)。

22.4 结果计算

$$\text{农产品中氟(F)含量(mg/kg)}=\frac{\rho\times V}{m\times k}$$

式中：ρ——测定液中氟的质量浓度(μg/mL)；

V——测定时萃取剂体积(10mL)；

m——样品的质量(g)；

k——水分系数。

22.5 注意事项

注1：全部试剂的配制用无氟去离子水，并贮于聚乙烯瓶中。

注2：样品扩散前首先应检查所用的扩散盒是否漏气，气密性不好的扩散盒不宜使用。

注 3:显色时加入丙酮,可使蓝色加深,提高比色灵敏度。

注 4:放置后,不加二乙基苯胺-异戊醇萃取,而直接测定,就是复色法,往往也能得到较理想的结果。

23　蔬菜产品中硝态氮的测定

23.1　试剂配制

(1) 混合试粉：柠檬酸：一水硫酸锰：无水对氨基苯磺酸：N－1－萘乙二胺盐酸盐：细锌粉＝30：4：1.6：0.8：1。

(2) 100mg/L 硝酸盐标准溶液配制：称取经 110～120℃烘干 2h 的 $NaNO_3$(分析纯) 0.500 0g，溶解定容至 1 000mL，得 500mg/L 的 $NaNO_3$ 贮备液，使用前用蒸馏水稀释至 100mg/L，备用。

23.2　测定原理

酸性条件下，利用硝酸试粉中的锌产生氢，将测试液中的硝酸根还原成亚硝酸根，然后亚硝酸根与氨基苯磺酸和 α-萘胺作用，形成玫瑰红颜色的偶氮染料，在一定范围内颜色的吸光度与硝酸根浓度成线性关系，可用比色测定硝酸盐的含量。

23.3　测定步骤

(1) 样品制备：蔬菜洗净，晾去表面水分，四分法取适量可食部分切碎，用电动搅拌机制成匀浆。

(2) 测定：称取 5～10g 蔬菜匀浆液(一般叶菜类 5g，瓜果类 10g)于 100mL 烧杯中，加 50mL 蒸馏水，充分搅拌后过滤。用水将滤液稀释至硝酸盐含量(以 $NaNO_3$ 计)在 0.5～20mg/L(一般叶菜类再稀释 5 倍，瓜果类稀释 50 倍)，在含稀释液 25mL 的比色管中加入 0.1g 混合试粉，待充分反应后过滤，滤液与标准曲线一同上机在 538nm 处测吸光值，计算蔬菜中硝酸盐含量(以 $NaNO_3$ 计)。

(3) 标准曲线的制作：分别吸取 100mg/L $NaNO_3$ 溶液 0mL、0.5mL、1.0mL、1.5mL、2.0mL、2.5mL、4.0mL、5.0mL 于比色管中，定容至 25mL，配成 0mg/L、2mg/L、4mg/L、6mg/L、8mg/L、10mg/L、16mg/L、20mg/L 的 $NaNO_3$ 标准溶液。

23.4 注意事项

(1) 采集回来的样品应该立即进行硝态氮的测定,否则,应在采样后把样品保持在0～4℃,并尽快进行测定。

(2) 因为混合试粉中几种化学物质的量都比较少,注意称量时的精确性。

(3) 稀释液加入混合试粉后静止 10min 后会变色,但是因为各种蔬菜所含叶绿素不同,变色后的颜色会有所不同。

附录一

土壤环境质量标准(GB 15618—1995)

Environmental quality standard for soils

(1995-12-06 实施)

为贯彻《中华人民共和国环境保护法》,防止土壤污染,保护生态环境,保障农林生产,维护人体健康,制定本标准。

1　主题内容与适用范围

1.1　主题内容

本标准按土壤应用功能、保护目标和土壤主要性质,规定了土壤中污染物的最高允许浓度指标值及相应的监测方法。

1.2　适用范围

本标准适用于农田、蔬菜地、茶园、果园、牧场、林地、自然保护区等地的土壤。

2　术语

2.1　土壤:指地球陆地表面能够生长绿色植物的疏松层。

2.2　土壤阳离子交换量:指带负电荷的土壤胶体,借静电引力而对溶液中的阳离子所吸附的数量,以每千克干土所含全部代换性阳离子的厘摩尔(按一价离子计)数表示。

3　土壤环境质量分类和标准分级

3.1　土壤环境质量分类

根据土壤应用功能和保护目标,划分为三类:

Ⅰ类主要适用于国家规定的自然保护区(原有背景重金属含量高的除外)、集中式生活饮用水源地、茶园、牧场和其他保护地区的土壤,土壤质量基本保持自然背景水平。

Ⅱ类主要适用于一般农田、蔬菜地、茶园、果园、牧场等土壤,土壤质量基本上对植物和环境不造成危害和污染。

Ⅲ类主要适用于林地土壤及污染物容量较大的高背景值土壤和矿产附近等地的农田土壤(蔬菜地除外)。土壤质量基本上对植物和环境不造成危害和污染。

3.2　标准分级

一级标准　为保护区域自然生态,维持自然背景的土壤环境质量的限制值。

二级标准　为保障农业生产,维护人体健康的土壤限制值。

三级标准　为保障农林业生产和植物正常生长的土壤临界值。

3.3　各类土壤环境质量执行标准的级别规定如下：

Ⅰ类土壤环境质量执行一级标准；

Ⅱ类土壤环境质量执行二级标准；

Ⅲ类土壤环境质量执行三级标准。

4　标准值

本标准规定的三级标准值，见表1。

表1　土壤环境质量标准值(mg/kg)

级别 / 土壤pH值 / 项目	一级	二级			三级
	自然背景	＜6.5	6.5～7.5	＞7.5	＞6.5
镉≤	0.20	0.30	0.60	1.0	
汞≤	0.15	0.30	0.50	1.0	1.5
砷　水田≤	15	30	25	20	30
砷　旱地≤	15	40	30	25	40
铜　农田等≤	35	50	100	100	400
果园≤	—	150	200	200	400
铅≤	35	250	300	350	500
铬　水田≤	90	250	300	350	400
铬　旱地≤	90	150	200	250	300
锌≤	100	200	250	300	500
镍≤	40	40	50	60	200
六六六≤	0.05		0.50		1.0
滴滴涕≤	0.05		0.50		1.0

注：①重金属(铬主要是三价)和砷均按元素量计，适用于阳离子交换量＞5cmol(＋)/kg的土壤，若≤5cmol(＋)/kg，其标准值为表内数值的半数。

②六六六为四种异构体总量，滴滴涕为四种衍生物总量。

③水旱轮作地的土壤环境质量标准，砷采用水田值，铬采用旱地值。

5　监测

5.1　采样方法：土壤监测方法参照国家环保局的《环境监测分析方法》、《土壤元素的近代分析方法》(中国环境监测总站编)的有关章节进行。国家有关方法标准颁布后，按国家标准执行。

5.2　分析方法按表2执行。

表 2　土壤环境质量标准选配分析方法

序号	项目	测定方法	检测范围 (mg/kg)	注　释	分析方法来源
1	镉	土样经盐酸-硝酸-高氯酸(或盐酸-硝酸-氢氟酸-高氯酸)消解后:(1) 萃取-火焰原子吸收法测定; (2) 石墨炉原子吸收分光光度法测定	0.025 以上 0.005 以上	土壤总镉	①、②
2	汞	土样经硝酸-硫酸-五氧化二钒或硫、硝酸锰酸钾消解后,冷原子吸收法测定	0.004 以上	土壤总汞	①、②
3	砷	(1) 土样经硫酸-硝酸-高氯酸消解后,二乙基二硫代氨基甲酸银分光光度法测定; (2) 土样经硝酸-盐酸-高氯酸消解后,硼氢化钾-硝酸银分光光度法测定	0.5 以上 0.1 以上	土壤总砷	①、②
4	铜	土样经盐酸-硝酸-高氯酸(或盐酸-硝酸-氢氟酸-高氯酸)消解后,火焰原子吸收分光光度法测定	1.0 以上	土壤总铜	①、②
5	铅	土样经盐酸-硝酸-氢氟酸-高氯酸消解后: (1) 萃取-火焰原子吸收法测定; (2) 石墨炉原子吸收分光光度法测定	0.4 以上 0.06 以上	土壤总铅	②
6	铬	土样经硫酸-硝酸-氢氟酸消解后: (1) 高锰酸钾氧,二苯碳酰二肼光度法测定; (2) 加氯化铵液,火焰原子吸收分光光度法测定	1.0 以上 2.5 以上	土壤总铬	①
7	锌	土样经盐酸-硝酸-高氯酸(或盐酸-硝酸-氢氟酸-高氯酸)消解后,火焰原子吸收分光光度法测定	0.5 以上	土壤总锌	①、②
8	镍	土样经盐酸-硝酸-高氯酸(或盐酸-硝酸-氢氟酸-高氯酸)消解后,火焰原子吸收分光光度法测定	2.5 以上	土壤总镍	②
9	六六六和滴滴涕	丙酮-石油醚提取,浓硫酸净化,用带电子捕获检测器的气相色谱仪测定	0.005 以上		GB/T 14550－93
10	pH	玻璃电极法(土∶水＝1.0∶2.5)	—		②
11	阳离子交换量	乙酸铵法等	—		③

注:分析方法除土壤六六六和滴滴涕有国标外,其他项目待国家方法标准发布后执行,现暂采用下列方法:

①《环境监测分析方法》,1983,城乡建设环境保护部环境保护局;

②《土壤元素的近代分析方法》,1992,中国环境监测总站编,中国环境科学出版社;

③《土壤理化分析》,1978,中国科学院南京土壤研究所编,上海科技出版社。

6　标准的实施

6.1　本标准由各级人民政府环境保护行政主管部门负责监督实施,各级人民政府的有关行政主管部门依照有关法律和规定实施。

6.2 各级人民政府环境保护行政主管部门根据土壤应用功能和保护目标会同有关部门划分本辖区土壤环境质量类别,报同级人民政府批准。

附加说明:

本标准由国家环境保护局科技标准司提出。

本标准由国家环境保护局南京环境科学研究所负责起草,中国科学院地理研究所、北京农业大学、中国科学院南京土壤研究所等单位参加。

本标准主要起草人夏家淇、蔡道基、夏增禄、王宏康、武玫玲、梁伟等。

本标准由国家环境保护局负责解释。

附录二

蔬菜中硝酸盐限量(GB 19338—2003)

Tolerance limit for nitrate in vegetables

(2003-10-09 发布　2004-05-01 实施)

前言

本标准为条文强制,第四章为强制性。

本标准由北京市质量技术监督局提出。

本标准起草单位:北京市产品质量监督检验所、国家标准物质研究中心。

本标准主要起草人:王晶、周泽义、曹文棋。

本标准为首次发布。

1　范围

本标准规定了蔬菜中硝酸盐的限量要求。

本标准适用于叶菜类、根菜类、茎菜类、茄果类、瓜类、豆类蔬菜。

2　规范性引用文件

下列文件中的条款通过本标准的引用而成为本标准的条款。凡是注日期的引用文件,其随后所有的修改单(不包括勘误的内容)或修订版均不适用于本标准,然而,鼓励根据本标准达成协议的各方研究是否可使用这些文件的最新版本。凡是不注日期的引用文件,其最新版本适用于本标准。

GB/T 5009.33 食品中亚硝酸盐与硝酸盐的测定方法

GB/T 8854 蔬菜名称(一)

GB/T 8855 新鲜水果和蔬菜的取样方法

GB/T 15401 水果、蔬菜及其制品亚硝酸盐和硝酸盐含量的测定

GB/T 19339 蔬菜中硝酸盐含量的快速测定

3　蔬菜分类

叶菜类:主要包括绿叶菜类、白菜类、结球甘蓝、韭菜。

根菜类:主要包括萝卜、胡萝卜、根用芥菜、芜菁。

茎菜类:主要包括茎用甘蓝类、茎用芥菜。

茄果类:主要包括番茄、茄子、辣(甜)椒等。

瓜类:主要包括黄瓜、南瓜、冬瓜、甜瓜、苦瓜、丝瓜、佛手瓜、蛇瓜等。

豆类:主要包括菜豆、豇豆、豌豆、菜用大豆、蚕豆、扁豆、四季豆等。

4　要求

蔬菜中硝酸盐限量应符合表1规定。

表1　蔬菜中硝酸盐限量

蔬菜类别	硝酸盐(以 NO_3^- 计)/(mg/kg·鲜重)
茄果类、瓜类、豆类	≤440
茎菜类	≤1 200
根菜类	≤2 500
叶菜类	≤3 000

5　试验方法

蔬菜名称鉴别按 GB/T8854,取样方法按 GB/T8855,蔬菜中硝酸盐含量的测定按 GB/T15401,GB/T5009.33 和 GB/T19339 规定执行,其中快速测定按 GB/T19339 规定执行。当对结果有争议时,以 GB/T15401 为准。

附录三

食用农产品产地土壤环境质量评价标准(HJ 332—2006)

Farmland environmental quality evaluation standards for edible agricultural products

(2006-11-17 发布 2007-02-01 实施)

为贯彻《中华人民共和国环境保护法》,保护生态环境,防治环境污染,保障与促进温室蔬菜安全生产,维护人体健康,制定本标准。本标准为指导性标准。

本标准由国家环境保护总局科技标准司提出。

本标准起草单位:国家环境保护总局南京环境科学研究所。

本标准国家环保总局于 2006 年 11 月 17 日批准。

本标准自 2007 年 2 月 1 日起实施。

本标准由国家环境保护总局解释。

1　适用范围

本标准规定了食用农产品产地土壤环境质量的各个项目及其浓度(含量)限值和监测、评价方法(本书仅列出指标及其限值)。

本标准适用于食用农产品产地,不适用于温室蔬菜生产用地。

2　规范性引用文件

本标准引用了下列文件中的条款。凡是不注日期的引用文件,其有效版本适用于本标准。

HJ/T166—2004 土壤环境监测技术规范。

3　术语和定义

食用农产品产地环境质量评价标准(Farmland environmental quality evaluation standards for edible agricultural products)。

符合农作物生长和农产品卫生质量要求的农地土壤的评价标准。

4　评价指标限值

对土壤环境中的污染物(或有害因素)项目,划分:基本控制项目(必测项目)和选择控制项目两类。

4.1　土壤环境质量评价指标限值

食用农产品产地土壤环境质量应符合表 1 的规定。

表 1 土壤环境质量评价指标限值[①](mg/kg)

项 目[②]			pH 值<6.5	pH 值[③]6.5—7.5	pH 值>7.5
土壤环境质量基本控制项目:					
总镉	水作、旱作、果树等	≤	0.30	0.30	0.60
	蔬菜	≤	0.30	0.30	0.40
总汞	水作、旱作、果树等	≤	0.30	0.50	1.0
	蔬菜	≤	0.25	0.30	0.35
总砷	旱作、果树等	≤	40	30	25
	水作、蔬菜	≤	30	25	20
总铅	水作、旱作、果树等	≤	80	80	80
	蔬菜	≤	50	50	50
总铬	旱作、蔬菜、果树等	≤	150	200	250
	水作	≤	250	300	350
总铜	水作、旱作、蔬菜、柑橘等	≤	50	100	100
	果树	≤	150	200	200
	六六六[④]	≤	0.10		
	滴滴涕[④]	≤	0.10		
土壤环境质量选择控制项目:					
总锌		≤	200	250	300
总镍		≤	40	50	60
稀土总量(氧化稀土)		≤	背景值[⑤]+10	背景值[⑤]+15	背景值[⑤]+20
	全盐量	≤	1 000	2 000[⑥]	

注:①对实行水旱轮作、菜粮套种或果粮套种等种植方式的农地,执行其中较低标准值的一项作物的标准值。②重金属(铬主要是三价)和砷均按元素量计,适用于阳离子交换量>5cmol(+)/kg 的土壤,若≤5cmol(+)/kg,其标准值为表内数值的半数。③若当地某些类型土壤 pH 值变异在 6.0—7.5 范围,鉴于土壤对重金属的吸附率,在 pH6.0 时接近 pH6.5,pH6.5—7.5 组可考虑在该地扩展为 pH6.0—7.5 范围。④六六六为四种异构体总量,滴滴涕为四种衍生物总量。⑤背景值:采用当地土壤母质相同、土壤类型和性质相似的土壤背景值。⑥适用于半漠境及漠境区。

附录四

温室蔬菜产地土壤环境质量评价标准(HJ/T333—2006)

environmental quality evaluation standards for farmland of greenhouse vegetables production

(2006-11-17 发布 2007-02-01 实施)

为贯彻《中华人民共和国环境保护法》,保护生态环境,防治环境污染,保障与促进温室蔬菜安全生产,维护人体健康,制定本标准。本标准为指导性标准。

本标准由国家环境保护总局科技标准司提出。

本标准起草单位:国家环境保护总局南京环境科学研究所。

本标准国家环保总局于 2006 年 11 月 17 日批准。

本标准自 2007 年 2 月 1 日起实施。

本标准由国家环境保护总局解释。

1 适用范围

本标准规定了以土壤为基质种植的温室蔬菜产地温室内土壤环境质量的各个控制项目及其浓度(含量)限值和监测、评价方法(本书仅列出指标及其限值)。

2 规范性引用文件

本标准引用了下列文件中的条款。凡是不注日期的引用文件,其有效版本适用于本标准。

NY/T 395 农田土壤环境质量监测技术规范

3 术语和定义

3.1 温室 greenhouse

温室是以采光覆盖材料作为全部或部分围护结构材料,具有透光、避雨、保温、控温等功能,可在冬季或其他不适宜露地植物生长的季节供栽培植物的建筑,包括玻璃单栋温室、玻璃或塑料板材连栋温室、塑料薄膜日光温室、塑料薄膜大棚等固定设施。

3.2 温室蔬菜产地土壤环境质量指标 environmental quality index for farmland of greenhouse vegetables production

温室蔬菜生长和蔬菜产品卫生质量要求的温室内土壤环境质量指标。

3.3 温室蔬菜产地土壤环境质量评价标准 environmental quality evaluation standards for farmland of greenhouse vegetables production

对温室蔬菜产地土壤环境质量条件进行评价的指标、依据、方法,以及评定结果的表达。

4　温室蔬菜产地土壤环境质量评价指标限值

温室蔬菜产地土壤环境中的污染物(或有害因素)项目均划分为基本控制项目和选择控制项目两类。基本控制项目为评价必测项目,选择控制项目由当地根据污染源及可能存在的污染物状况选择确定并予测定。

温室蔬菜产地土壤环境质量应符合表1的规定。

表1　土壤环境质量评价指标限值(mg/kg)

项　目[①]		pH值<6.5	pH值[②] 6.5—7.5	pH值>7.5
土壤环境质量基本控制项目:				
总镉	≤	0.30	0.30	0.40
总汞	≤	0.25	0.30	0.35
总砷	≤	30	25	20
总铅	≤	50	50	50
总铬	≤	150	200	250
六六六[③]	≤	0.10		
滴滴涕[③]	≤	0.10		
全盐量	≤	2 000		
土壤环境质量选择控制项目:				
总铜	≤	50	100	100
总锌	≤	200	250	300
总镍	≤	40	50	60

注:①重金属和砷均按元素量计,适用于阳离子交换量>5cmol(+)/kg的土壤,若≤5cmol(+)/kg,其标准值为表内数值的半数。②若当地某些类型土壤pH值变异在6.0—7.5范围,鉴于土壤对重金属的吸附率,在pH6.0时接近pH6.5,pH6.5—7.5组可考虑在该地扩展为pH6.0—7.5范围。③六六六为四种异构体总量,滴滴涕为四种衍生物总量。

附录五

土壤科学中常用法定计量单位的介绍

近年来，法定计量单位的普及使用已走上正轨，但由于土壤科学的专一性，部分读者或学者在实际使用过程中，仍时有混淆或换算不清。为此，附表如下，以供工作时查阅。

表 1　土壤科学研究中某些常用计量单位的变更情况

量的名称及其符号	应废除的计量单位[1]	应采用的国际制或我国法定单位[2]	[1]项换算为[2]项的换算因子
长度(l)	埃(A)	纳[诺]米(nm)	×0.1
时间(t)	月(months)	[小]时(h)；日(d)；周(weeks)	
压力(p)	巴(bar)	帕[斯卡]，Pa	$\times 10^5$
	标准大气压(atm)	帕[斯卡]，Pa	×101 325
	毫米汞柱(mmHg)	帕[斯卡]，Pa	×133.322
物质的浓度(c)	当量浓度(N)	摩[尔]浓度($mol \cdot L^{-1}$)(M)	
能量(W)	卡[路里](cal)	焦[耳]，J	×4.1868
热(Q)	尔格(erg)	焦[耳]，J	$\times 10^{-7}$
电导率(EC)	毫姆欧每厘米($mmho \cdot cm^{-1}$)	西[门子]每米($S \cdot m^{-1}$)	×0.1
土地面积	亩	平方公里(100 万平方米，km^2)	×1/1 500
		公顷(1 万平方米，hm^2)	×1/15
		平方米(1 平方米，m^2)	×666.66

[注]：[ ]内为可省略的字。

表 2　土壤研究中某些数字项目的计量单位变换

计量单位的项目名称	应废除或不采用的计量单位[1]	法定计量单位[2]	[1]项目换算为[2]时的换算因子
土壤中元素、有机质和水分等含量	重量百分数(%)	克·每千克，$g \cdot kg^{-1}$	×10
某些微量物质	百万分数(ppm)	毫克·每千克，$mg \cdot kg^{-1}$	×1
		微克·每克，$\mu g \cdot g^{-1}$	×1
阳离子交换量(CEC)	毫克当量·每百克(me/100g)	厘摩尔(+)每千克 $cmol(+)kg^{-1}$	×1
交换性阳离子	毫克当量·每百克(me/100g)	一价的(Na)$cmol(Na)kg^{-1}$	×1
		二价的(Ca)$cmol(1/2\ Ca)kg^{-1}$	×1
		三价的(Al)$cmol(1/3\ Al)kg^{-1}$	×1
比表面*	平方米·每克(m^2/g)	平方米·每千克(m^2/kg)	$\times 10^3$
土壤容重*	克·每立方厘米(g/cm^3)	百万克·每立方米(t/m^3)	×1

* 两种表示法均有应用。

参考文献

鲍士旦. 土壤农化分析(第三版)[M]. 北京:中国农业出版社,2005.

北京市质量技术监督局. GB19338—2003 蔬菜中硝酸盐限量[S]. 北京:中国标准出版社,2004.

陈怀满. 环境土壤学[M]. 北京:科学出版社,2005.

城乡建设环境保护部环境保护局. 环境监测分析方法[M]. 北京:中国环境科学出版社,1986.

杜应琼,王富华,李乃坚,等. 新鲜蔬菜硝酸盐含量测定的改进试粉法[J]. 园艺学报,2005,32(1):49-53.

国家环保总局. HJ332—2006 食用农产品产地环境质量评价标准[S]. 北京:中国环境科学出版社,2006.

国家环保总局. HJ333—2006 温室蔬菜产地环境质量评价标准[S]. 北京:中国环境科学出版社,2006.

国家环境保护局. GB 15618—1995 土壤环境质量标准[S]. 北京:中国环境科学出版社,1995.

环境保护部. HJ615—2011 土壤有机碳的测定——重铬酸钾氧化分光光度法[S]. 北京:中国环境科学出版社,2011.

环境保护部. HJ491—2009 土壤总铬的测定——火焰原子吸收分光光度法[S]. 北京:中国环境科学出版社,2009.

李学垣. 土壤化学[M]. 北京:高等教育出版社,2001.

鲁如坤. 土壤农业化学分析方法[M]. 北京:中国农业科技出版社,2000.

卫生部. GB5009.12—2010 食品安全国家标准食品中铅的测定[S]. 北京:中国标准出版社,2010.

卫生部. GB5009.15—2003 食品安全国家标准食品中镉的测定[S]. 北京:中国标准出版社,2003.

卫生部. GB5009.17—2003 食品安全国家标准食品中总汞及有机汞的测定[S]. 北京:中国标准出版社,2003.

卫生部. GB5009.18—2003 食品安全国家标准食品中氟的测定[S]. 北京:中国标准出版社,2003.

中国标准出版社第二编辑室. 环境监测方法标准汇编——土壤环境与固体废物(第2版)[M]. 北京:中国标准出版社,2009.

中国环境监测总站. 土壤元素的近代分析方法[M]. 北京:中国环境科学出版社,1992.

中国科学院南京土壤研究所. 土壤理化分析[M]. 上海:上海科技出版社,1978.

中国土壤学会农业化学专业委员会. 土壤农业化学常规分析方法[M]. 北京:科学出版社,1983.